U0213753

中岛老师的烘焙教室

麦香蛋糕

〔日〕中岛志保 著　爱整蛋糕滴欢　译

南海出版公司

目 录

新经典文化有限公司
www.readinglife.com
出 品

Part 4 挞和派

关于本书

. 1大勺=15毫升，1小勺=5毫升。
. 请选用中等大小的鸡蛋。
. 使用燃气烤箱时，请把烘烤温度降低10℃。
. 预热好烤箱并设定烘烤时间。烤箱的品牌、型号不同，烘烤温度也有差异，请以配方中的温度为参考，实际操作时根据自家烤箱性能合理调节温度。

◎纯蛋蛋糕

鸡蛋大小和打发方法不同，蛋糕糊的量也会有微妙的不同。蛋糕糊入模后如果超过九分满，在烘烤过程中很容易溢出模具。如果蛋糕糊量较多，可以把多余的倒入麦芬或布丁模中，缩短烘烤时间，做成小蛋糕用来试尝味道。

前 言

每当向初次见面的朋友做自我介绍“我是做甜点的”，对方大都会问“是蛋糕师吗”。听到这样的问题，我总觉得有点不好意思。在印象中，蛋糕师是穿着厨师制服聚精会神地装饰华丽蛋糕的专业人士，而我只是做一些素朴的小甜点，称蛋糕师似乎不太恰当。

我做的是什么样的甜点呢？用一个简单的词来说，就是“零食”，看起来很朴素、没有华丽抢眼的外表、让人感觉安心舒服的零食。在家喝焙煎茶时，它们就是最佳搭配。

这些甜点有一个共同点：不添加黄油，用植物油制作。甜点融合了低精制度糖品的甘甜味，还添加了坚果和干果。我并非因为不能吃黄油才用植物油代替，而是希望能用植物油做出美味的甜点。本书中的甜点基本都可以用黄油制作，选用植物油并不是想用它做出黄油类甜点的味道，而是想告诉大家用植物油也可以做出这样的美味。

本书集合了许多做法简单的配方，只要用一个搅拌盆就可以完成，液体原料用大勺、小勺来计量（我很讨厌洗粘满油污的量杯。另外，清洗粘满黄油的打蛋器也让人非常头疼……）。用植物油做甜点，清洗工具变得十分轻松，虽然这只是小事，但也很重要。

这样想来，与其说要告诉大家做甜点的方法，不如说我想把“这样做很轻松”、“这样做更美味”的想法传递给大家。做甜点并不是难事，就当作和平时做饭一样吧，这样我会非常开心的。

中岛志保

做蛋糕的要点

❶ 用一个搅拌盆就能完成

用一个大号搅拌盆就可以搞定整个制作过程。重点就是在搅拌盆中依次加入各种原料、搅拌成团，因此不需要太大操作空间，之后的清理工作也很简单。用菜籽油做甜点，无须用很多清洁剂清洗工具。做法简单，清理工作也简单，这些都是制作过程中的重要部分。

❷ 加入粉类原料后，不要搅拌过度

做麦芬和快手蛋糕时，加入粉类原料后不要搅拌过度，留有少量干粉即可。很多朋友习惯于搅拌至看不到干粉，这样面糊容易形成面筋，烤好的成品口感干硬。面糊中即使有少许结块也没关系。管住自己、不要过度搅拌是成功的秘诀之一。

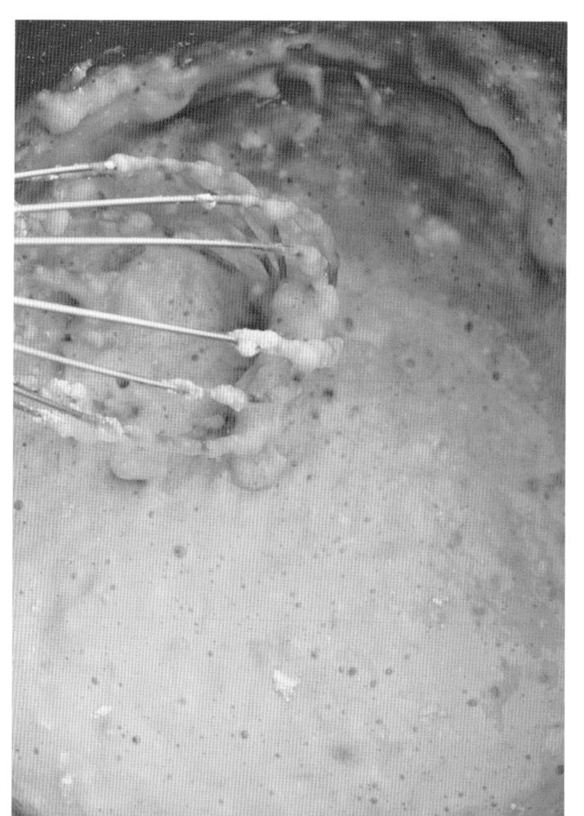

❸ 用全蛋法做蛋糕，充分打发，充分搅拌

刚开始学做甜点的朋友最想挑战的一定是海绵蛋糕。做海绵蛋糕要用打发全蛋的“全蛋法”，我年轻的时候挑战了很多次，做出的蛋糕总是扁扁的，膨胀不起来。现在终于明白了，都是因为打发不到位。经过充分打发的蛋液拌入面粉后也不会明显消泡。蛋糕糊要仔细搅拌出光泽，这样做出的海绵蛋糕口感非常绵软。

❹ 用分蛋法做蛋糕，打出松软的蛋白霜是要点

先分离蛋黄与蛋白然后分别打发的方法称为“分蛋法”，制作戚风之类的蛋糕通常要用这种方法，成品组织比较细腻。大家通常会将蛋白打发到硬挺状态（即干性发泡），而我会在蛋白尚未达到这种状态、还略有一些柔软时停止打发。这样之后拌入的原料能够与蛋白霜充分混合，烤出的蛋糕湿润柔软。

泡打粉与鸡蛋

本书中有些配方只用了鸡蛋，有的加了泡打粉。泡打粉是一种食品添加剂，完全借助泡打粉让蛋糕变蓬松效果并不很好。我将这二者进行对比是想让大家了解利用鸡蛋使蛋糕膨胀做出的好味道。其实，只要大家能做出自己喜欢的甜点，我就很开心了。

Part 1 麦芬

为了做出自己满意的味道，我确实花了不少工夫。
这些麦芬有一种不同于磅蛋糕的独有的美味。
蛋糕糊中没有加鸡蛋，成品却仍然蓬松柔软，另外还搭配了丰富的配料。
这样的平衡配比口味绝妙，我非常喜欢。
刚出炉的麦芬很烫，最好晾一下再享用。

基础款麦芬

（洋葱麦芬）

把这款不太像甜点的麦芬称为“基础款”是因为它单纯、质朴，而且很美味。在这款麦芬中，枫糖浆的浓郁风味与洋葱的甘甜味道相得益彰，怎么也吃不够。

原料（5个直径7厘米的麦芬）

a
- 低筋粉　100克
- 泡打粉　1小勺

b
- 豆浆（原味）　80毫升
- 黄蔗糖　20克
- 菜籽油　2大勺
- 枫糖浆　1大勺

洋葱　1个（小个儿的）

菜籽油　1大勺

盐　适量

0 准备

· 洋葱切薄片，平底锅里倒入菜籽油，烧热，中火将洋葱炒至茶色，大约炒10分钟。撒入盐调味，有咸味即可，冷却备用（Ⓐ·约100克）。

· 在模具中放入纸杯。

· 烤箱预热至180℃。

1 混合豆浆、黄蔗糖、油

将原料b倒入搅拌盆中，用打蛋器搅拌均匀。

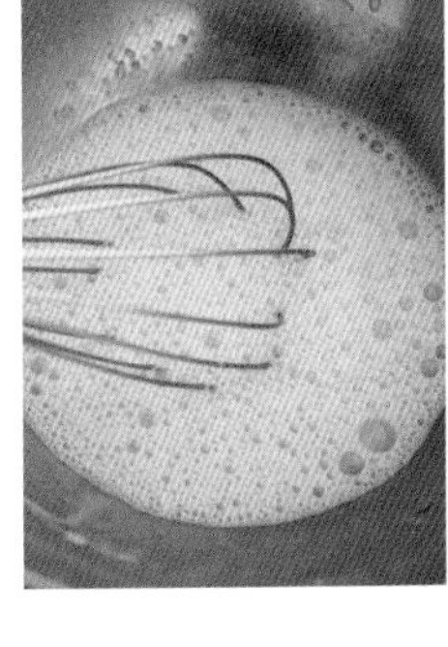

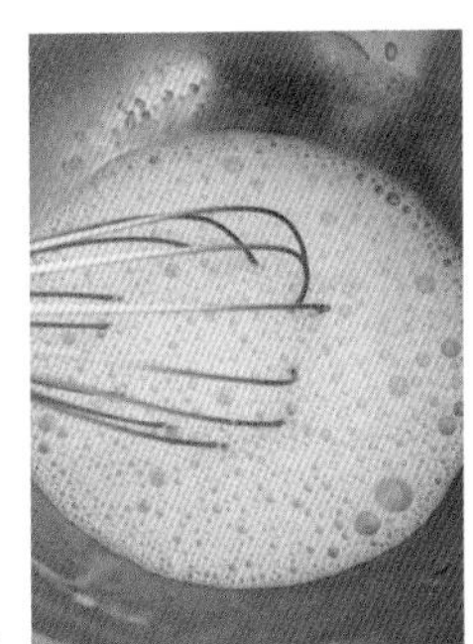

直到黄蔗糖溶化，没有颗粒感（无须打发）。

2 加入粉类原料

将原料a从距搅拌盆口10厘米的位置筛入盆中。

＊这样面粉中会裹入空气，不容易结块。

用打蛋器搅拌。如图所示，留有部分干粉也没关系。

3 加入洋葱

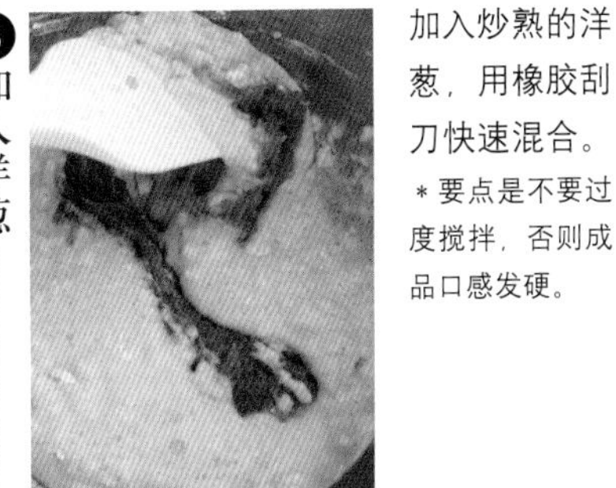

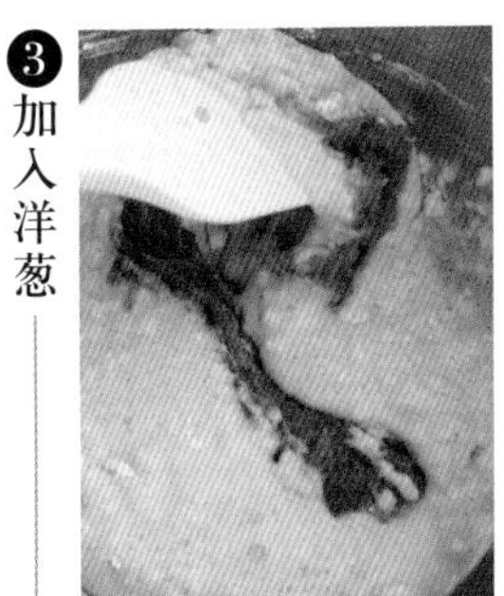

加入炒熟的洋葱，用橡胶刮刀快速混合。

＊要点是不要过度搅拌，否则成品口感发硬。

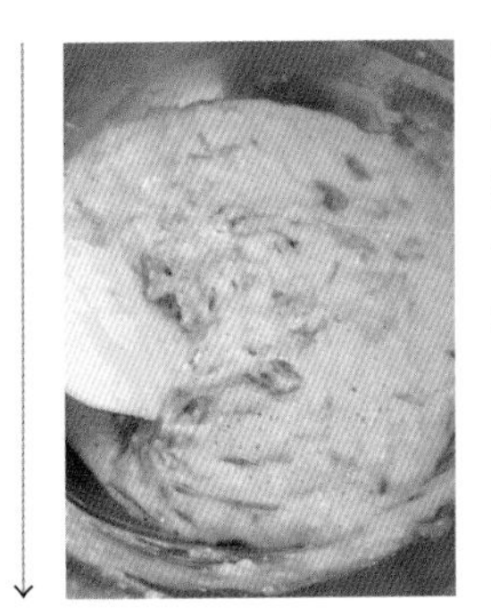

留有少许干粉也没关系。洋葱无须完全拌匀，有一点结块更好吃。

4 烘烤

用勺子将蛋糕糊装入模具，八分满即可。

烤箱预热至180℃，烘烤20～25分钟，烤至表面颜色焦黄。

＊插入竹签，拔出来后竹签上没有黏稠的蛋糕糊就说明烤好了。

脱模后（小心烫）连纸杯一起放在冷却架上冷却。

1 香蕉麦芬

这款麦芬中加入了香蕉，口感湿润柔软，冷却后也不会变硬。选用熟透的香蕉制作，风味格外好，如果有放在厨房忘记吃、外皮出现斑点的香蕉，一定要尝试一下这款麦芬。

做法→第 16 页

2 巧克力麦芬

略带苦味的可可蛋糕中加入了巧克力豆。刚出炉的时候咬一口，巧克力豆会在口中溶化，味道美妙极了。也可以把整块巧克力板切成小块代替巧克力豆。

做法→第 17 页

3 抹茶麦芬

不必用烘焙专用的抹茶，选择自己觉得味道好的抹茶即可，这是制作过程中的一个要点。虽然这样成品的颜色略显黯淡，但却保留了浓郁的抹茶风味。加入蜜红豆为这款麦芬增添了亮点。

做法→第 18 页

4 蓝莓麦芬

提到麦芬，脑海中就会浮现出蓝莓麦芬，可以说是经典款的人气口味。蓝莓果汁渗入蛋糕体中，冷却后也非常湿润、柔软。

做法→第 19 页

5 橘子麦芬

装饰了橘子片的麦芬看着就惹人喜欢。在寒冷的季节，当被炉桌上摆满橘子时，一定要试做一下这款麦芬。

做法→第 19 页

6 花生酱麦芬

在烘烤过程中，厨房中弥漫着花生的香味，让人产生一种强烈的幸福感。我用的是无糖型花生酱，既能用来做甜点，也能做其他料理，非常方便。

做法→第 20 页

7 椰蓉生姜麦芬

蛋糕糊中加入了磨细的姜蓉，表面装饰椰蓉，吃起来有种非常踏实的感觉。

做法→第 20 页

8 枫糖坚果麦芬

这款麦芬加入了丰富的枫糖浆，风味浓郁。湿润的蛋糕体还包裹着酥脆的坚果。你也可以加入几种不同的坚果，非常美味哦。

做法→第 21 页

1 香蕉麦芬

原料（5个直径7厘米的麦芬）

a
- 低筋粉　100克
- 泡打粉　1小勺

b
- 黄蔗糖　20克
- 豆浆（原味）　4大勺
- 菜籽油　2大勺
- 枫糖浆　1大勺

香蕉　1～$1\frac{1}{2}$根（净重150克）

核桃仁　20克

装饰用香蕉　适量

准备

▶核桃仁用平底锅小火炒香，切碎备用。

▶香蕉去皮，用叉子压成泥，装饰用的香蕉切成5毫米厚的薄片。

▶模具中垫上纸杯。

▶烤箱预热至180℃。

做法

①将原料b倒入搅拌盆中，用打蛋器搅拌均匀，直到黄蔗糖溶化，没有颗粒感。筛入原料a，继续搅拌。

②留有少量干粉时加入香蕉泥、核桃仁，换用橡胶刮刀快速拌匀。

③入模，八分满即可，表面装饰上切好的香蕉片。烤箱预热至180℃，烘烤25～30分钟。脱模冷却。

核桃仁用平底锅小火炒香。

用叉子背面把香蕉压碎，直至没有硬块。

2 巧克力麦芬

原料（5个直径7厘米的麦芬）

a
- 低筋粉　100克
- 可可粉　1大勺
- 泡打粉　1小勺

b
- 豆浆（原味）　100毫升
- 黄蔗糖　30克
- 菜籽油　2大勺
- 枫糖浆　1大勺

巧克力豆　50克

准备

▶模具中垫上纸杯。

▶烤箱预热至180℃。

做法

①将原料b倒入搅拌盆中，用打蛋器搅拌均匀，直到黄蔗糖溶化，没有颗粒感。筛入原料a，继续搅拌。

②留有少量干粉时加入巧克力豆（留一点做装饰），换用橡胶刮刀快速拌匀。

③入模，八分满即可，表面装饰上巧克力豆。烤箱预热至180℃，烘烤20～25分钟。脱模冷却。

请选用不含乳制品的黑巧克力豆，也可以用自己喜欢的板状巧克力。

请选用没有添加其他原料的原味可可粉。可可粉比较容易结块，过筛时要用小网眼筛网。

3 抹茶麦芬

原料（5个直径7厘米的麦芬）

a
- 低筋粉　100克
- 抹茶　1大勺
- 泡打粉　1小勺

b
- 豆浆（原味）　100毫升
- 黄蔗糖　30克
- 菜籽油　2大勺
- 枫糖浆　1大勺

蜜红豆　60克

准备

▶模具中垫上纸杯。

▶烤箱预热至180℃。

做法

①将原料b倒入搅拌盆中，用打蛋器搅拌均匀，直到黄蔗糖溶化，没有颗粒感。筛入原料a，继续搅拌。

②留有少量干粉时加入蜜红豆（留一些做装饰用），换用橡胶刮刀快速拌匀。

③入模，八分满即可，表面装饰蜜红豆。烤箱预热至180℃，烘烤20～25分钟。脱模冷却。

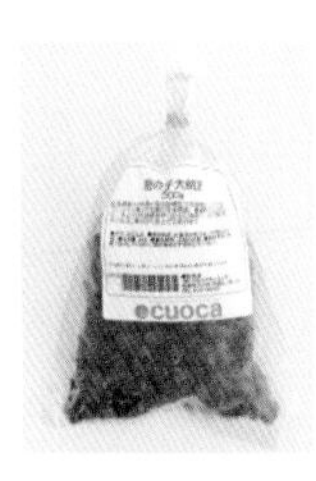

我通常选用湿润的蜜红豆。用北海道大纳言红豆和砂糖煮制而成的"鹿之子大纳言"蜜红豆颗粒饱满、口感实在，我很喜欢。

我没有用做甜点专用的抹茶，而是选择了平时常喝的。烤好的成品颜色有些暗，但风味很棒。（＊京都宇治抹茶粉"萌葱"。）

4 蓝莓麦芬

原料（4 个直径 7 厘米的麦芬）

a
- 低筋粉　100 克
- 泡打粉　1 小勺

b
- 豆浆（原味）　80 毫升
- 黄蔗糖　20 克
- 菜籽油　2 大勺
- 枫糖浆　1 大勺

蓝莓（新鲜或冷冻的都可以）　100 克

准备

▶模具中垫上纸杯。

▶烤箱预热至 180℃。

做法

①将原料 b 倒入搅拌盆中，用打蛋器搅拌均匀，直到黄蔗糖溶化，没有颗粒感。筛入原料 a，用打蛋器搅拌。

②留有少量干粉时加入蓝莓，换用橡胶刮刀快速拌匀。

③入模，八分满即可。烤箱预热至 180℃，烘烤 20 ～ 25 分钟。脱模冷却。

橘子切成两半，
挤出果汁。

5 橘子麦芬

原料（3 个直径 7 厘米的麦芬）

a
- 低筋粉　100 克
- 泡打粉　1 小勺

b
- 橘子汁　50 毫升（要用 1 ～ 2 个橘子）
- 橘子皮碎　要用 1 个橘子
- 黄蔗糖　20 克
- 菜籽油　2 大勺
- 枫糖浆　1 大勺

装饰用的橘子（带皮切成 5 毫米厚的片）　3 片

准备

▶模具中垫上纸杯。

▶烤箱预热至 180℃。

做法

①将原料 b 倒入搅拌盆中，用打蛋器搅拌均匀，直到黄蔗糖溶化，没有颗粒感。筛入原料 a，用打蛋器拌匀。

＊搅拌至留有少量干粉就可以了。

②入模，八分满即可，表面装饰上橘子片。烤箱预热至 180℃，烘烤 20 ～ 25 分钟。脱模冷却。

6 花生酱麦芬

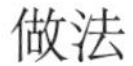

原料（5 个直径 7 厘米的麦芬）

a
- 低筋粉 80 克
- 全麦粉 20 克
- 泡打粉 1 小勺

b
- 豆浆（原味） 120 毫升
- 花生酱（无糖颗粒型） 100 克
- 黄蔗糖 40 克
- 菜籽油 1 大勺
- 枫糖浆 1 大勺

准备

▶模具中垫上纸杯。

▶烤箱预热至 180℃。

做法

①将原料 b 倒入搅拌盆中，用打蛋器搅拌至花生酱变得柔软润滑。筛入原料 a，用打蛋器搅拌均匀。

＊搅拌至留有少量干粉就可以了。

②入模，八分满即可。烤箱预热至 180℃，烘烤 25 ～ 30 分钟。脱模冷却。

花生酱用的是无糖颗粒型，没有甜味，比较容易调味，做其他料理也非常方便。

椰蓉是用干燥后的椰肉制成的，我非常喜欢它沙沙的口感。

7 椰蓉生姜麦芬

原料（4 个直径 7 厘米的麦芬）

a
- 低筋粉 80 克
- 全麦粉 20 克
- 泡打粉 1 小勺

b
- 豆浆（原味） 80 毫升
- 黄蔗糖 30 克
- 菜籽油 2 大勺
- 生姜蓉 2 大勺
- 枫糖浆 1 大勺

装饰用椰蓉 2 大勺

准备

▶模具中垫上纸杯。

▶烤箱预热至 180℃。

做法

①将原料 b 倒入搅拌盆中，用打蛋器搅拌，直到黄蔗糖溶化，没有颗粒感。筛入原料 a，继续搅拌。

＊搅拌至留有少量干粉就可以了。

②入模，八分满即可，表面撒椰蓉。烤箱预热至 180℃，烘烤 20 ～ 25 分钟。脱模冷却。

8 枫糖坚果麦芬

原料（4 个直径 7 厘米的麦芬）

a
- 低筋粉　100 克
- 泡打粉　1 小勺

b
- 豆浆（原味）　40 毫升
- 枫糖浆　4 大勺
- 菜籽油　2 大勺

坚果（核桃，美国山核桃等）　30 克

装饰用坚果、枫糖浆　适量

准备

▶加入蛋糕糊中的坚果要预先用平底锅小火炒香、切碎。

▶模具中垫上纸杯。

▶烤箱预热至 180℃。

做法

①将原料 b 倒入搅拌盆中，用打蛋器搅拌均匀。筛入原料 a，继续搅拌。

②留有少量干粉时加入坚果，换用橡胶刮刀快速拌匀。

③入模，八分满即可，每个蛋糕表面装饰一枚坚果（核桃或美国山核桃）。烤箱预热至 180℃，烘烤 20 ～ 25 分钟。趁热用刷子在表面刷上枫糖浆，脱模冷却。

核桃是烘焙中最常用的坚果之一，购买方便，很适合用来做甜点。用平底锅小火翻炒可以增加香味。

美国山核桃比普通核桃涩味更淡，没有怪味。使用前先炒一下，别具风味。它比普通核桃略贵，制作有特别意义的甜点时可以选用这种核桃。

Part 2

司康

司康的做法不同，口感也随之不同。
先加入油，拌匀后再加水混合做出的司康比较酥松。
同时加入油和水，轻轻揉成团烤出的司康富有弹性。
我喜欢加了全麦粉和坚果做成的口感香酥的司康，
出炉后最好稍稍晾一下，温热的时候享用最美味。

基础款司康

（全麦核桃司康）

这款司康非常简单，也正因为如此而有一种质朴的美味，让人感觉怎么吃都吃不腻。不用搭配别的，这么直接吃就已经很棒了，淋上枫糖浆享用更有一种说不出的幸福感。

原料（4 个直径 5 厘米的成品）

a
- 低筋粉　90 克 *
- 全麦粉　10 克（1 大勺）*
- 黄蔗糖　2 大勺
- 泡打粉　1 小勺
- 盐　一小撮

b
- 豆浆（原味）　40 毫升
- 菜籽油　2 大勺

核桃仁　20 克

刷表面用的豆浆　适量

0 准备

· 核桃仁用平底锅小火炒香，切碎备用。

· 在烤盘上铺一张烤纸。

· 烤箱预热至 180℃。

＊可以先在搅拌盆中加入 1 大勺全麦粉，再加入低筋粉使总重量达到 100 克，这样称量原料比较方便。

1 混合粉类原料

将原料 a 全部倒入搅拌盆中，用类似淘米的手法拌匀。

2 加入豆浆和油

在面粉中间挖出一个小坑，倒入原料 b。

用橡胶刮刀以切拌的方式轻快地搅拌。

＊不时将搅拌盆旋转 45 度。

3 加入核桃仁

还有少量干粉时加入核桃仁。

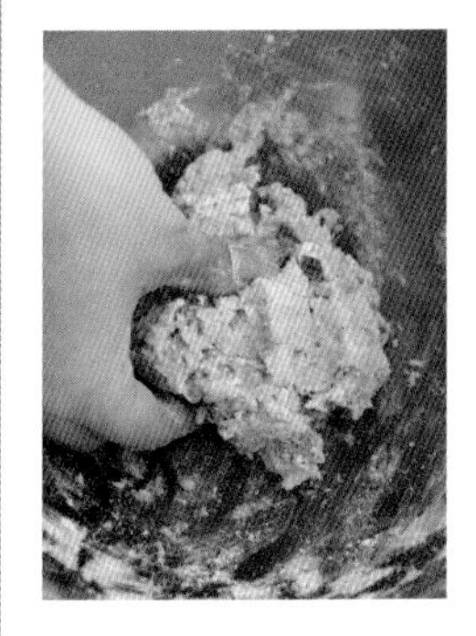

用类似叠被子的手法将原料整理成团。

＊难以混合成团时，可以加少许豆浆（用量另计）。

取出面团放在操作台上，折叠面团。

用掌根轻轻按压面团，重复折叠、按压的动作 5～6 次。

＊如果面团非常粘手，可以撒少许低筋粉（用量另计）。

4 压模烘烤

让面团松弛一下，变软后用手整理成 2.5 厘米厚的面片，用直径 5 厘米的圆形切模整形。

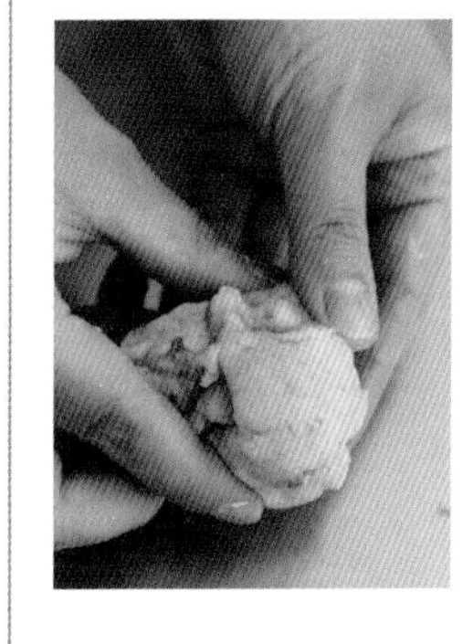

剩余的边角料直接用手混合成一团（这样烤好的司康比较松软）。

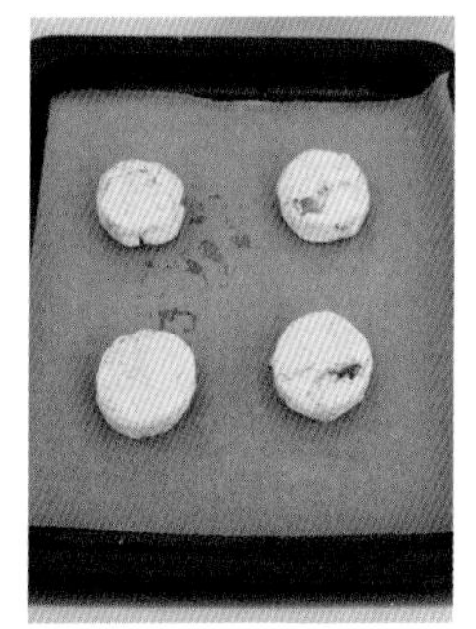

把司康摆在烤盘上，留出间距。用手蘸点豆浆涂在表面。烤箱预热至 180℃，烘烤 20～22 分钟。

＊根据自己的喜好淋上枫糖浆。

1 焙煎茶红豆司康

把在家常喝的焙煎茶磨碎后加入面团中。“啪”地掰开烤好的司康，一股浓郁的茶香弥漫开来。

做法→第 28 页

2 柠檬椰蓉司康

面团中裹着沙沙的椰蓉，另外还加了柠檬皮碎，用来丰富口味。这款司康可以让你同时享受到独特的口感和清新的香气。

做法→第 28 页

3 巧克力司康

我按照想象中烤厚饼干的方法做出了这款司康，里面加入了丰富的巧克力，不用特别搭配，就这样直接吃也非常美味。

做法→第 29 页

4 枫糖坚果司康

面团中加入了包裹着枫糖浆的坚果。经过烘烤，枫糖浆变成了焦糖，搭配脆脆的坚果，口感新鲜俏皮。

做法→第 30 页

5 豆沙司康

做这款司康时，我用豆沙馅代替了常用的水，经过烘烤口感仍然湿润。细豆沙和粗豆馅都可以尝试一下。

做法→第 31 页

6 甜酒司康

我用甜酒代替水做出了这款司康。甜酒中含有天然糖分，经过烘烤，成品的颜色和口感都非常完美。杏果酱的酸味为这款司康增添了亮点。

做法→第 31 页

1 焙煎茶红豆司康

原料（6个长方形司康）

a
- 低筋粉　100克
- 焙煎茶　2大勺
- 黄蔗糖　1大勺
- 泡打粉　1小勺
- 盐　一小撮

b
- 豆浆（原味）　3大勺
- 菜籽油　2大勺
- 蜜红豆　50克

准备

▶用厨房用纸把焙煎茶包起来切碎。
▶在烤盘上铺一张烤纸。
▶烤箱预热至180℃。

做法

①将原料a全部放入搅拌盆中，用手拌匀，然后在中间挖一个小坑，倒入原料b，手持橡胶刮刀以切拌的方式轻快地搅拌。加入蜜红豆，用类似叠被子的手法将原料整理成团。

＊难以混合成团时，可以加少许豆浆（用量另计）。

②取出面团，放在操作台上，边折叠边轻轻按压，重复5～6次，然后用手整理成2.5厘米厚的面片（长14厘米、宽8厘米），纵向切成2等份，横向切成3等份。

③把切好的司康摆在烤盘上，留出适当间距。烤箱预热至180℃，烘烤20～22分钟。

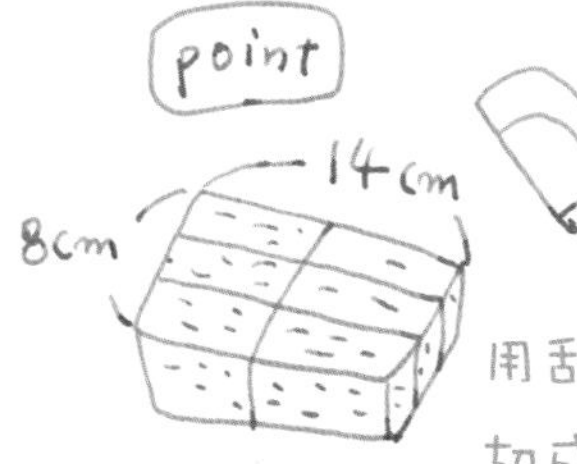

这是京都川桥园制茶厂出品的焙煎茶，另外还有几种茶我也很喜欢，常常用到。选用平时爱喝的、最容易买到的茶就可以了。

2 柠檬椰蓉司康

原料（4个直径6厘米的成品）

a
- 低筋粉　80克
- 椰蓉　20克
- 柠檬皮碎　需要用1/2个柠檬
- 黄蔗糖　2大勺
- 泡打粉　1小勺
- 盐　一小撮

b
- 豆浆（原味）　3大勺
- 菜籽油　2大勺

准备

▶在烤盘上铺一张烤纸。
▶烤箱预热至180℃。

做法

①将原料a全部放入搅拌盆中，用手拌匀，然后在中间挖一个小坑，倒入原料b，手持橡胶刮刀以切拌的方式轻快地搅拌。用类似叠被子的手法将原料整理成一团。

＊难以混合成团时，可以加少许豆浆（用量另计）。

②取出面团，放在操作台上，边折叠边轻轻按压，重复5～6次，然后分成4等份，轻轻搓成小球，用手指按扁一点（太厚了不容易烤透）。

③把整形完毕的司康摆在烤盘上，留出适当间距。烤箱预热至180℃，烘烤20～22分钟。

3 巧克力司康

原料（6 个直径 7 厘米的成品）

a
- 低筋粉　90 克
- 可可粉　1 大勺
- 黄蔗糖　1 大勺
- 泡打粉　1 小勺
- 盐　一小撮

b
- 豆浆（原味）　3 大勺
- 菜籽油　2 大勺

巧克力豆　30 克

准备

▶在烤盘上铺一张烤纸。

▶烤箱预热至 180°C。

做法

①将原料 a 全部放入搅拌盆中，用手拌匀，然后在中间挖一个小坑，倒入原料 b，手持橡胶刮刀以切拌的方式轻快地搅拌。加入巧克力豆，用类似叠被子的手法将原料整理成一团。

＊难以混合成团时，可以加少许豆浆（用量另计）。

②取出面团，放在操作台上，边折叠边轻轻按压，重复 5 ~ 6 次，然后用手整理成 2.5 厘米厚的圆形面片（直径 12 厘米），切成放射状的 6 等份。

③把整形完毕的司康摆在烤盘上，留出适当间距。烤箱预热至 180°C，烘烤 20 ~ 22 分钟。

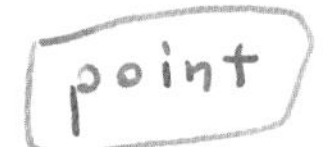

用手按压成2.5厘米厚的面片。

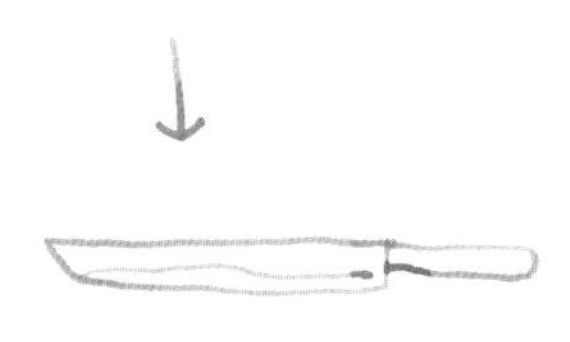

用刀切成放射状的6等份。

4 枫糖坚果司康

原料（4 厘米方形成品 6 个）

a
- 低筋粉　100 克
- 黄蔗糖　1 大勺
- 泡打粉　1 小勺
- 盐　一小撮

b
- 豆浆（原味）　40 毫升
- 菜籽油　2 大勺

【枫糖坚果】

核桃仁　50 克

枫糖浆　2 大勺

盐　一小撮

准备

▶核桃仁用平底锅小火炒香，切碎备用。

▶在烤盘上铺一张烤纸。

▶烤箱预热至 180℃。

做法

①制作枫糖坚果。把枫糖浆和盐放入小锅中，中火加热。煮至糖浆沸腾，冒出大气泡。再煮片刻，倒入核桃仁，用木铲搅拌 10 秒后关火。继续搅拌，不要让核桃仁粘连在一起，然后平摊在烤纸上冷却，温热不烫手时切成小块。

②将原料 a 放入搅拌盆中，用手拌匀，然后在中间挖一个小坑，倒入原料 b，手持橡胶刮刀以切拌的方式轻快地搅拌。加入枫糖坚果，用类似叠被子的手法将原料整理成一团。

＊难以混合成团时，可以加少许豆浆（用量另计）。

③取出面团，放在操作台上，边折叠边轻轻按压，重复 5 ～ 6 次，然后用手整理成 2.5 厘米厚的面片（长 10 厘米、宽 7 厘米），纵向切成 3 等份，横向切成 2 等份。把切好的司康摆在烤盘上，留出适当间距。烤箱预热至 180℃，烘烤 20 ～ 22 分钟。

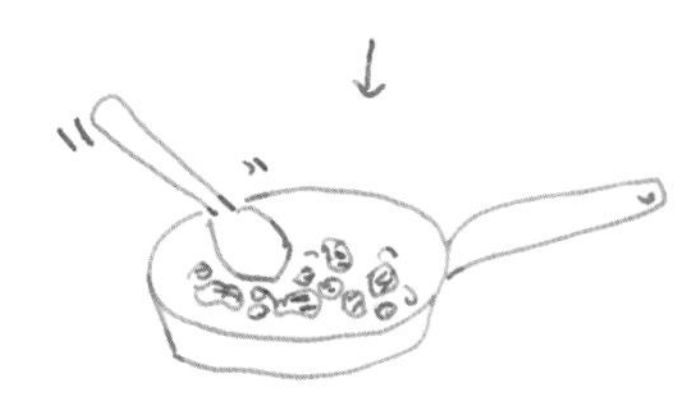

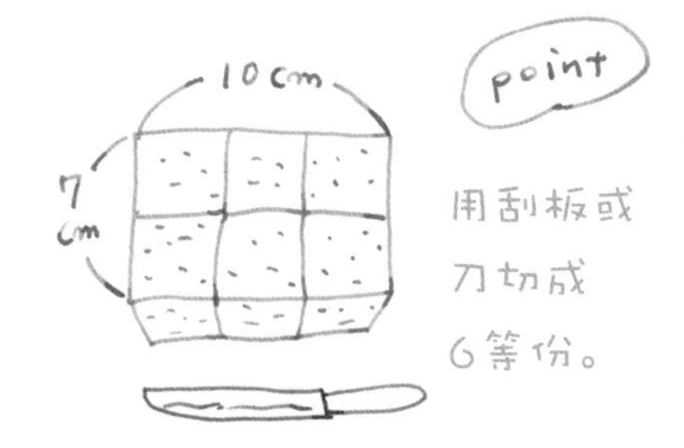

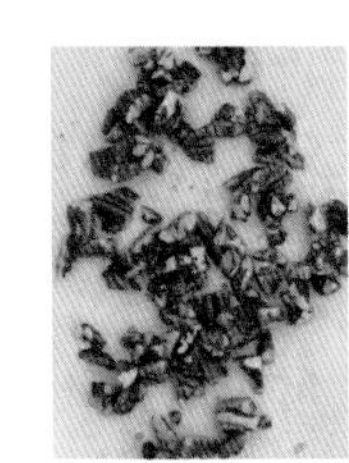

枫糖坚果硬一点或略软一点都能做出好味道。

5 豆沙司康

原料（6 个直径 5 厘米的成品）

a
- 低筋粉　100 克
- 泡打粉　1 小勺
- 盐　一小撮

b
- 豆沙馅（粗豆馅、豆沙均可）　100 克
- 菜籽油　2 大勺

刷表面用的黑蜜　适量

准备

▶在烤盘上铺一张烤纸。

▶烤箱预热至 180℃。

做法

①将原料 a 全部放入搅拌盆中，用手拌匀，然后在中间挖一个小坑，倒入原料 b，手持橡胶刮刀以切拌的方式轻快地搅拌。用类似叠被子的手法将原料整理成一团。

＊难以混合成团时，可以加入少许水（用量另计）。

②取出面团，放在操作台上，边折叠边轻轻按压，重复 5 ～ 6 次，然后用手整理成 2.5 厘米厚的面片，再用直径 5 厘米的切模整形。

③把切好的司康摆在烤盘上，留出适当间距，表面涂上用少量水调好的黑蜜。烤箱预热至180℃，烘烤 20 ～ 25 分钟。

想要轻松做出这款司康，可以直接从市场上购买做好的豆沙馅。山清粗豆馅用产自北海道的红豆和砂糖制作而成，甜度适中，我很喜欢。

我用的是以大米和米麹为原料酿造而成的无添加甜酒。原料只有大米，但成品却有着意想不到的甘甜，用来做甜点和日常烹饪都很方便。

6 甜酒司康

原料（6 个直径 5 厘米的成品）

a
- 低筋粉　100 克
- 泡打粉　1 小勺
- 盐　一小撮

b
- 甜酒　3 大勺
- 菜籽油　2 大勺

杏干　5 颗

刷表面用的甜酒　适量

准备

▶杏干切成与葡萄干大小差不多的小块。

▶在烤盘上铺一张烤纸。

▶烤箱预热至 180℃。

做法

①将原料 a 全部放入搅拌盆中，用手拌匀，然后在中间挖一个小坑，倒入原料 b，手持橡胶刮刀以切拌的方式轻快地搅拌。加入杏干，用类似叠被子的手法将原料整理成一团。

＊难以混合成团时，可以加入少许甜酒（用量另计）。

②取出面团，放在操作台上，边折叠边轻轻按压，重复 5 ～ 6 次，然后用手整理成 2.5 厘米厚的面片，再用直径 5 厘米的切模整形。

③把切好的司康摆在烤盘上，留出适当间隔，表面刷上甜酒。烤箱预热至 180℃，烘烤 20 ～ 22 分钟。

Part 3 蛋糕

我常常做 3 种蛋糕：全蛋打发型、分蛋打发型和用泡打粉做的快手蛋糕。
它们各有优点，蓬松、湿润、柔软，口感丰富。
时间宽裕时，不妨利用做饭的空档，配合生活的节奏尝试一下这些蛋糕吧。

基础快手蛋糕

（香蕉蛋糕）

这是一款加入泡打粉做的快手蛋糕，需要特别注意的是，加入面粉后不要过度搅拌。控制住想要搅拌蛋糕糊的欲望是成功的关键。

原料（适用 18×8×6 厘米的磅蛋糕模具）

a
- 低筋粉　100 克
- 泡打粉　2/3 小勺

b
- 黄蔗糖　50 克
- 鸡蛋　2 个

- 菜籽油　50 毫升
- 豆浆（原味）　2 大勺
- 香蕉　$1\frac{1}{2}$ 根（净重 150 克）
- 装饰用香蕉　适量

0 准备

- 香蕉去皮，用叉子压碎，装饰用的香蕉切成 5 毫米厚的片（Ⓐ）。
- 模具中垫上烤纸。
- 烤箱预热至 180℃。

1 轻度打发蛋液

将原料 b 倒入搅拌盆中，用电动打蛋机低速打发 15～30 秒（或者用手动打蛋器打发 1 分钟），打起粗泡。

2 加入油、豆浆、香蕉泥

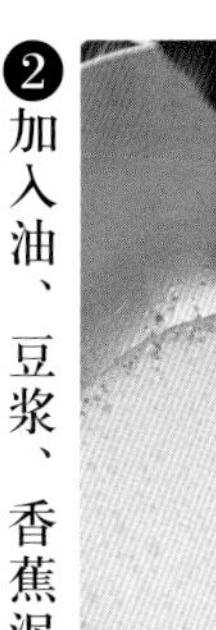

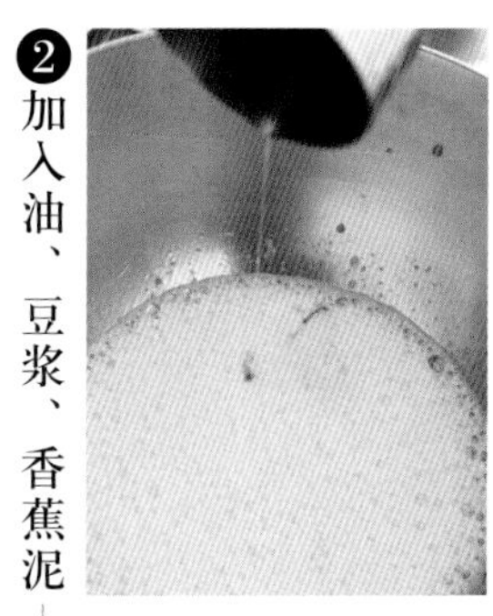

加入菜籽油。

＊打发蛋液有助于使原料充分混合，这样做出的蛋糕蓬松柔软。

用电动打蛋机贴近盆底低速搅拌（因为油容易沉底）。

依次加入豆浆、香蕉泥，每加入一样都要搅拌均匀。

＊在这个过程中用电动打蛋机操作比较方便。

3 加入粉类原料

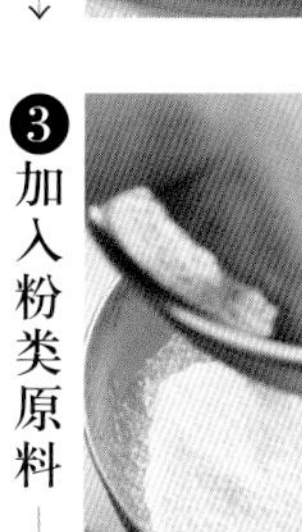

从距离搅拌盆口约 10 厘米的高度筛入原料 a。

＊这样可以使空气充分裹入面粉中，以免结块。

用打蛋器搅拌。

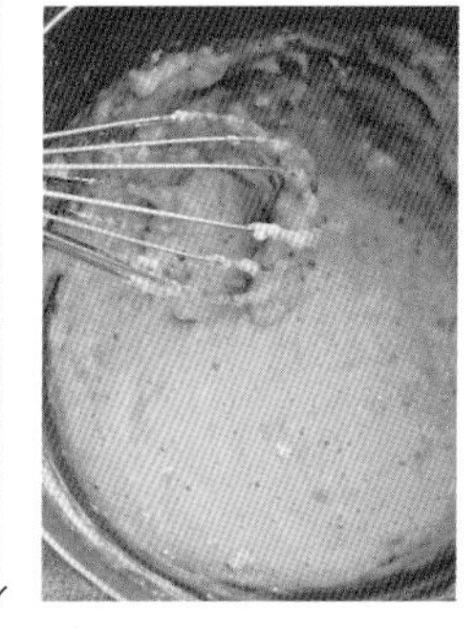

还有少许干粉时停止搅拌，蛋糕糊状态如图即可。

＊剩余的一点干粉在烘烤过程中可以充分融入蛋糕糊中，不必太在意。

4 烘烤

入模，抹平表面，装饰上香蕉片。烤箱预热至 180℃，烘烤 35 分钟，表面上色即可。

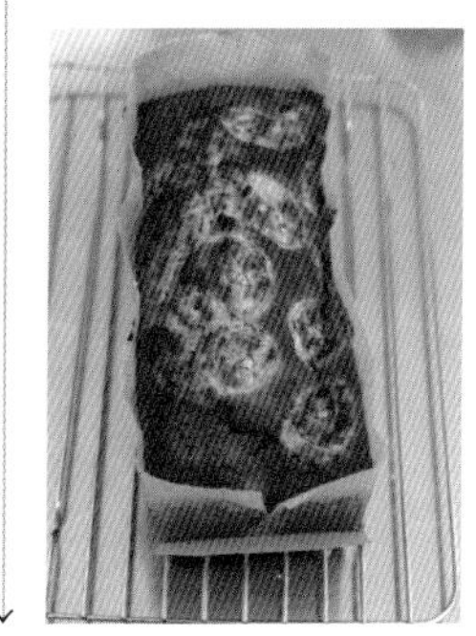

把竹签插入蛋糕体，拔出时上面没有粘裹的蛋糕糊就说明烤好了。在操作台上轻轻震一下模具，震出热气，脱模冷却。

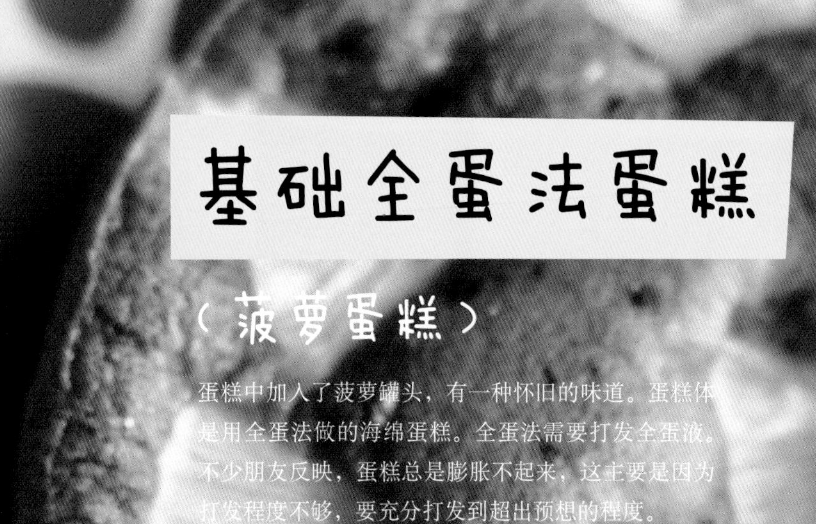

基础全蛋法蛋糕

（菠萝蛋糕）

蛋糕中加入了菠萝罐头，有一种怀旧的味道。蛋糕体是用全蛋法做的海绵蛋糕。全蛋法需要打发全蛋液。不少朋友反映，蛋糕总是膨胀不起来，这主要是因为打发程度不够，要充分打发到超出预想的程度。

原料（适用直径 15 厘米的圆形模具）

低筋粉　60 克

a ┌ 黄蔗糖　50 克
　└ 鸡蛋　2 个

菜籽油　1 大勺

菠萝（罐头）　6 片

0 准备

· 准备隔水打发用的热水（60℃左右）。
· 4 片菠萝切成小块，拭干果汁，剩余 2 片切成大块做装饰（Ⓐ）。
· 模具中垫上烤纸。
· 烤箱预热至 180℃。

1 打发蛋液

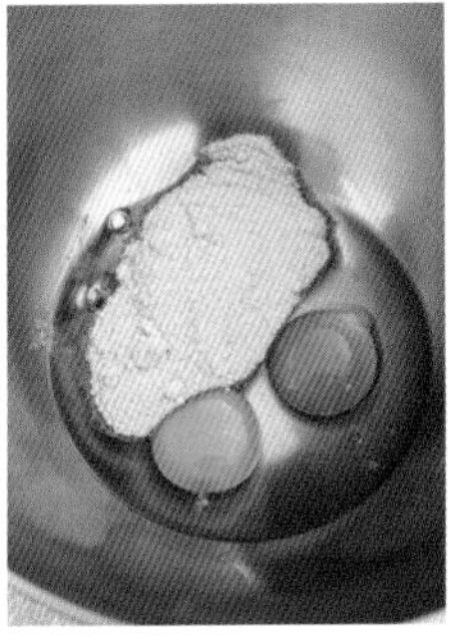

把原料 a 放入搅拌盆中，用电动打蛋机低速将鸡蛋轻轻打散。

把盆底浸入热水中隔水高速打发。

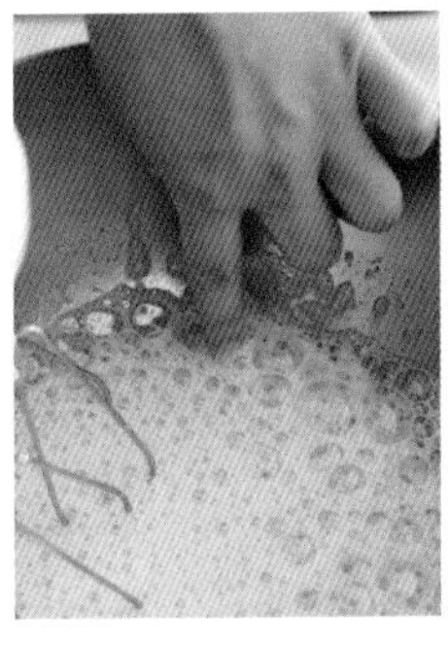

蛋液温度达到体温时(36℃)，从热水中取出搅拌盆。

继续高速画圈打发，边打发边不时把搅拌盆旋转 45 度。

提起打蛋机，如果蛋糊滴滴答答往下流，说明打发得不够。

打到蛋糊完全变成乳白色、蓬松柔软、表面留下打发痕迹时，说明快要打发到位了。

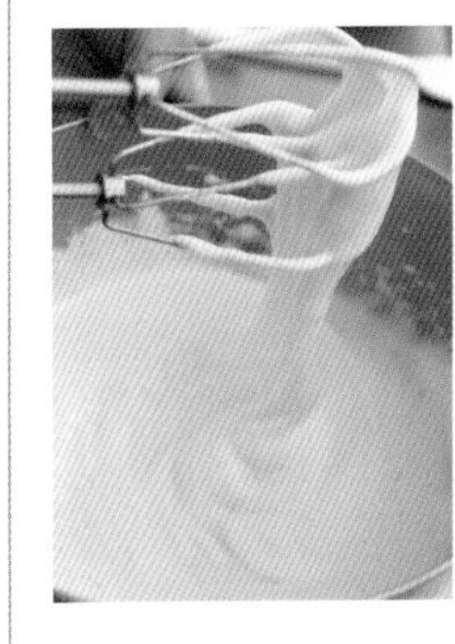

提起打蛋机，附着在打蛋头上的蛋糊能够停留一瞬间。

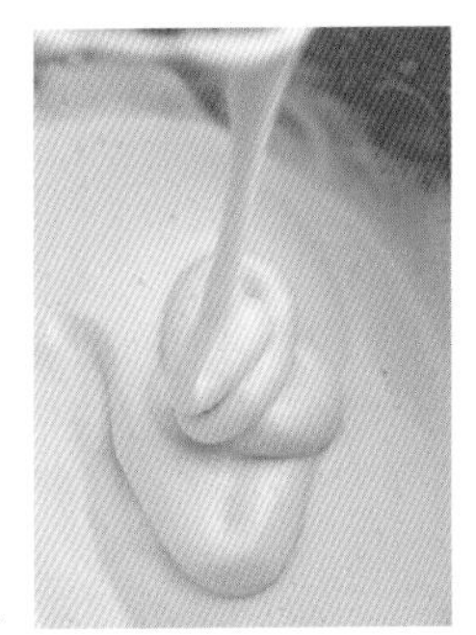

蛋糊流下来时像飘带一样层叠起来就打发好了。

❷ 加入油

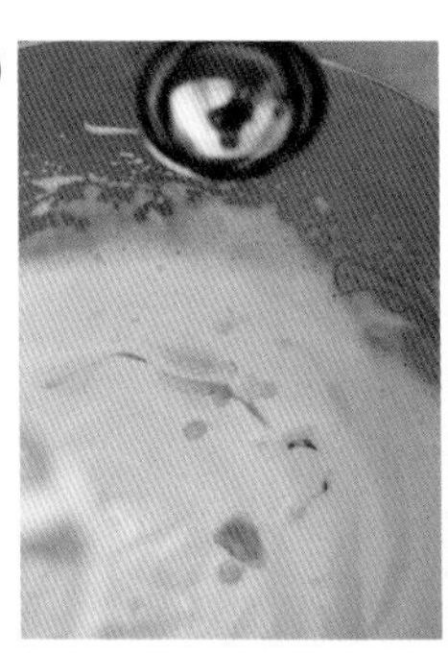

倒入菜籽油。

用电动打蛋机贴近盆底低速打发（油容易沉底）。

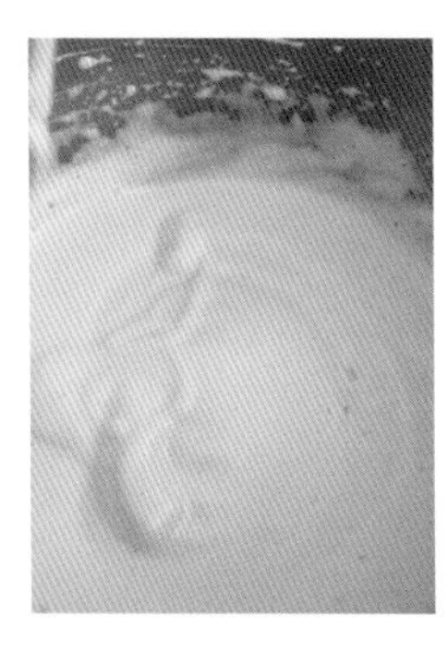

整理蛋糊气泡，蛋糊像图中这样变得蓬松有弹性就可以了。

❸ 加入菠萝

加入切碎的菠萝。

用电动打蛋机轻快地低速搅拌。

＊搅拌过头会消泡，所以动作要快。

❹ 加入低筋粉

将低筋粉从距离搅拌盆口10厘米的高度筛入盆中。

＊这样可以使空气充分裹入其中，防止面粉结块。

用橡胶刮刀从盆底翻拌蛋糕糊，边拌边不时地将搅拌盆旋转45度。

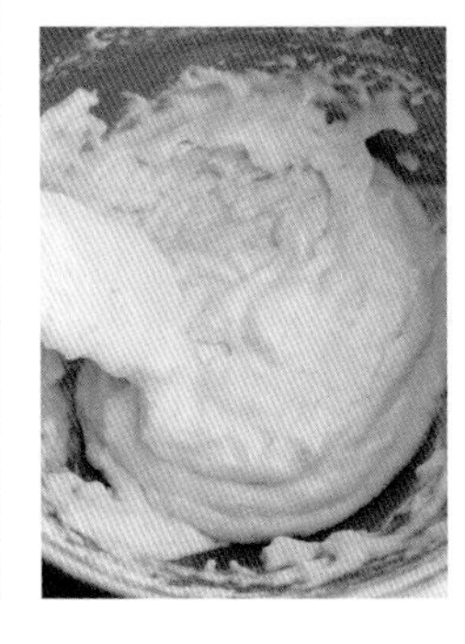

如图，搅拌到几乎看不到干粉。

继续搅拌 10 次。

看不到干粉、面糊变得黏稠就可以了。

5 烘烤

将蛋糕糊倒入模具中。

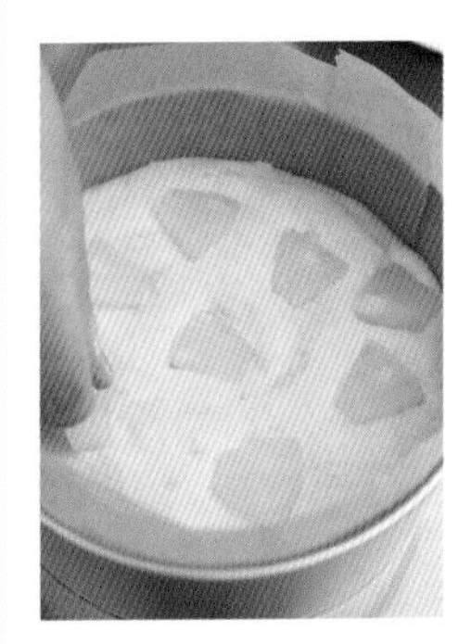

表面装饰菠萝块。

烤箱预热至 180℃，烘烤 25 分钟左右，表面上色即可。

烤好后

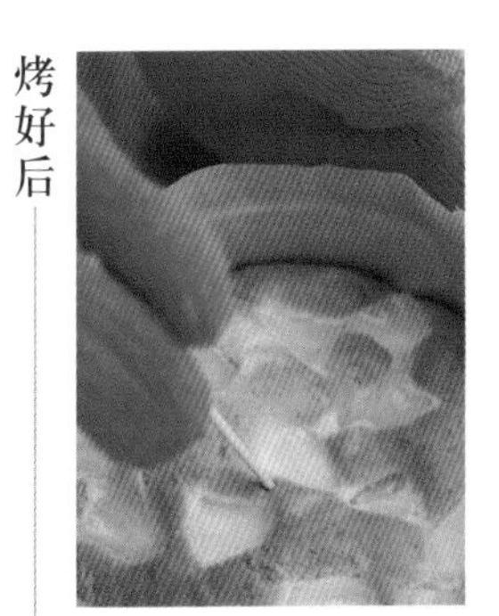

把竹签插入蛋糕，拔出时上面没有粘裹的蛋糕糊就说明烤好了。

将模具从距台面 10 厘米的高度摔震一下，震出热气（防止回缩。注意不要烫伤）。

脱模后，不用揭烤纸，直接放在冷却架上冷却。

冷却至蛋糕不烫手，揭掉烤纸。

基础分蛋法蛋糕

（巧克力蛋糕）

我比较喜欢这种口感轻盈的巧克力蛋糕。冷藏之后，蛋糕会变紧实，别有一番风味。分蛋法听起来似乎很麻烦，其实只需要一个搅拌盆，依次加入各种原料就可以了。蛋白打发得稍软一些便于与其他原料混合，成品的口感也会非常湿润。

原料（适用直径 15 厘米的圆形模具）

a ┌ 巧克力　100 克
　└ 菜籽油　50 毫升

低筋粉　30 克

黄蔗糖　30 克

鸡蛋　2 个

朗姆酒　1 大勺

0 准备

巧克力切碎，与菜籽油一起放入搅拌盆中，用热水（60℃）隔水溶化。

分开蛋白与蛋黄。在模具内侧垫上烤纸。烤箱预热至 180℃。

1 打发蛋白

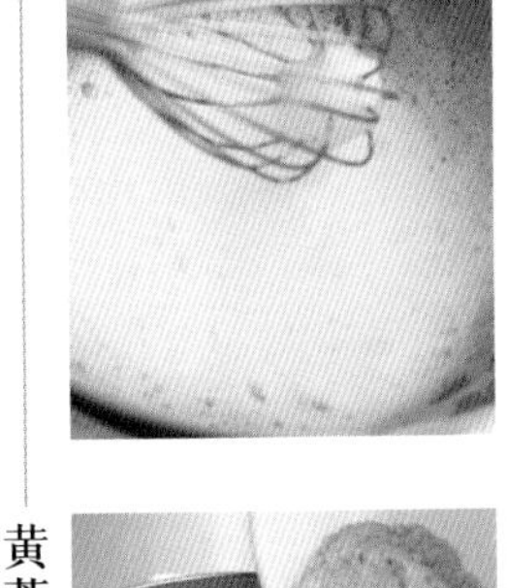

将蛋白倒入搅拌盆中，用电动打蛋机高速打发。

＊边画圈打发边不时地将搅拌盆旋转 45 度。

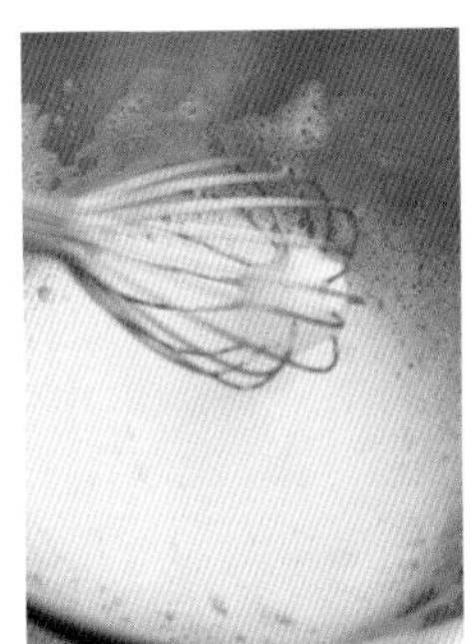

如图，打到蛋白变成乳白色，状态蓬松。

黄蔗糖按 1/3 的量分次加入

加入 1/3 的黄蔗糖。

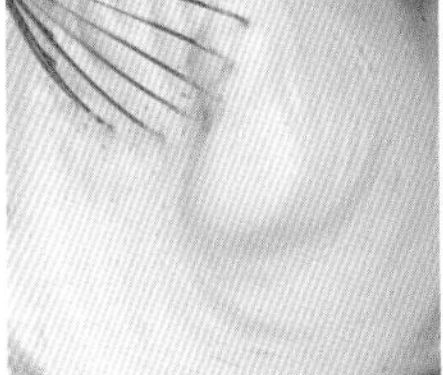

用电动打蛋机高速打发。

黄蔗糖充分溶化后，再加入 1/3 的量。

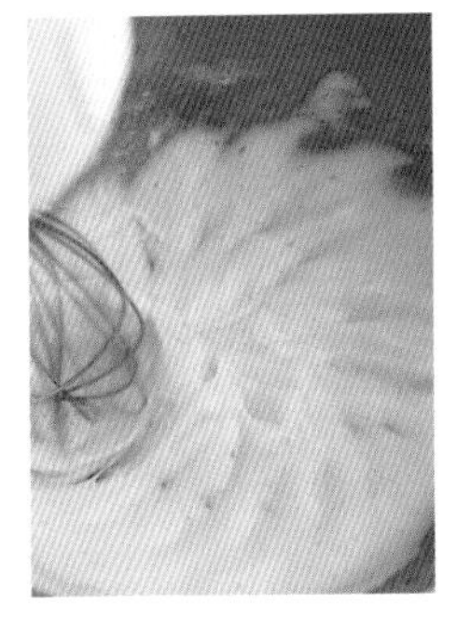

继续打发。蛋白变得蓬松柔软，但泡沫还有些粗，这说明打发得还不够。

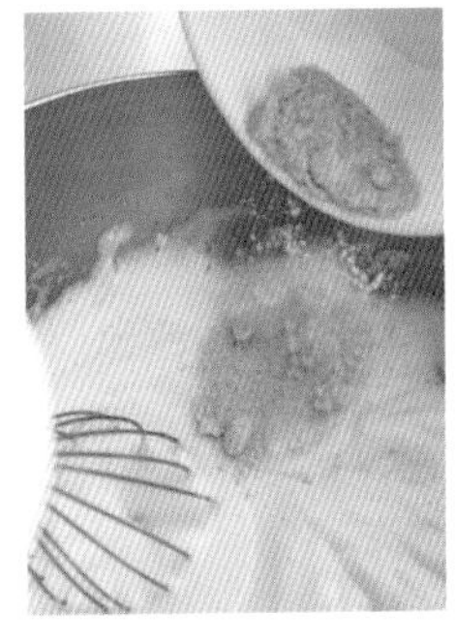

加入剩余的黄蔗糖。

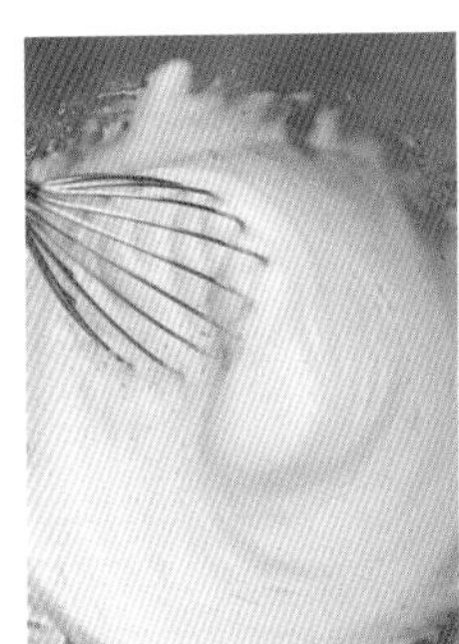

用同样的方法继续打发，泡沫变得细腻了，这时还要继续打发。

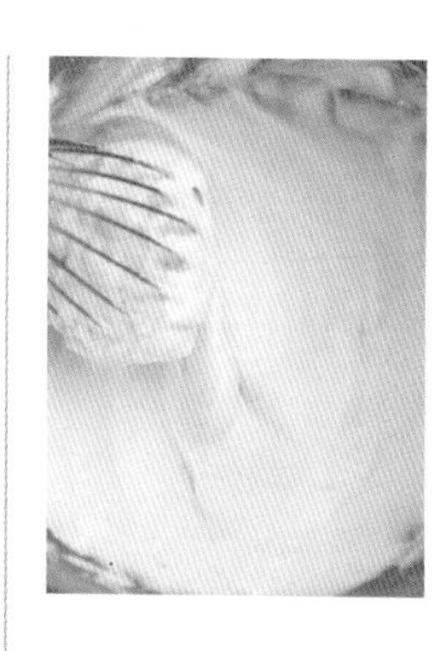

蛋白霜蓬松轻盈，泡沫更加细腻，马上就打发好了。

＊注意观察泡沫的细腻程度，如果泡沫略显粗糙，说明还需要继续打发。

蛋白霜慢慢变得像图中一样细腻，留有清晰的打发痕迹。

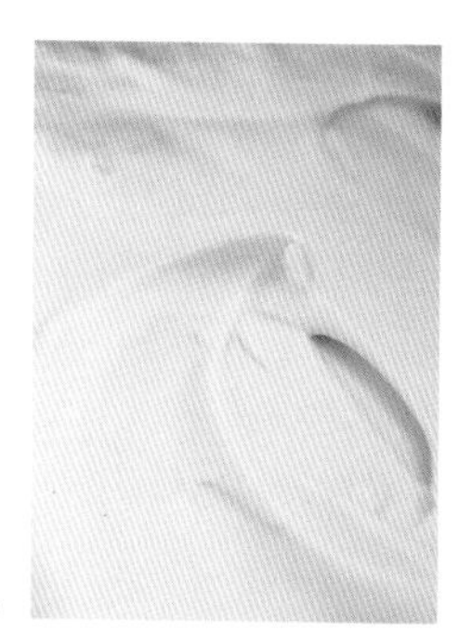

提起打蛋机，蛋白霜拉起的尖角轻轻垂下，打发完成。

❷ 加入蛋黄、巧克力

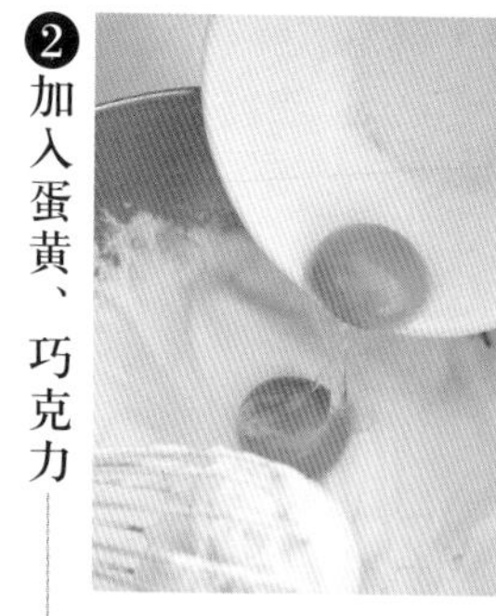

加入蛋黄。

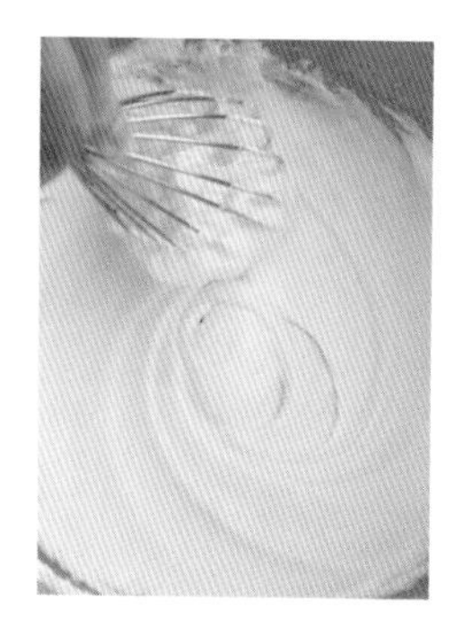

换用打蛋器快速搅拌。

倒入溶化的巧克力。

用打蛋器混合。

大致拌匀。

加入朗姆酒。

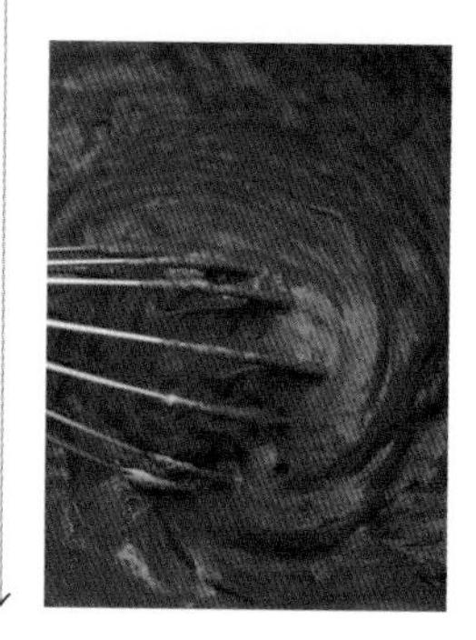

用打蛋器快速搅拌，直至看不到白色的蛋白霜块。

❸ 加入面粉

将低筋粉从距离搅拌盆口 10 厘米的高度筛入盆中。

＊这样可以使空气充分裹入面粉中，防止结块。

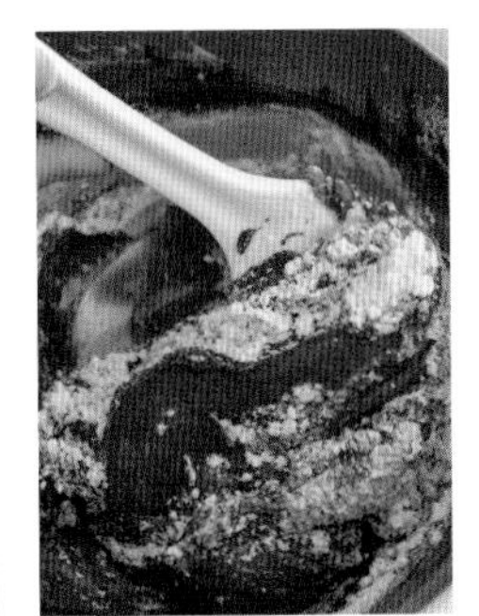

用橡胶刮刀从盆底翻拌，边拌边不时地把搅拌盆旋转 45 度。

＊动作要轻快，以免蛋糕糊消泡。

搅拌至几乎看不到干粉、蛋糕糊变得黏稠即可。

❹ 烘烤

把蛋糕糊倒入模具中，抹平表面。

烤箱预热至 180°C，烘烤 25 ~ 30 分钟。

烤好之后

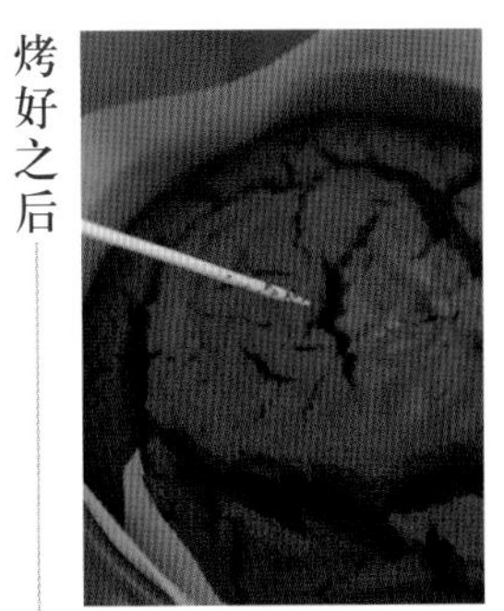

把竹签插入蛋糕，拔出时竹签上似有似无地粘有一点蛋糕糊即可出炉。

＊余热会将蛋糕完全烤熟，不要烤过头。

将模具从距离台面 10 厘米的高度摔震一下，震出内部热气（防止回缩。注意不要烫伤）。

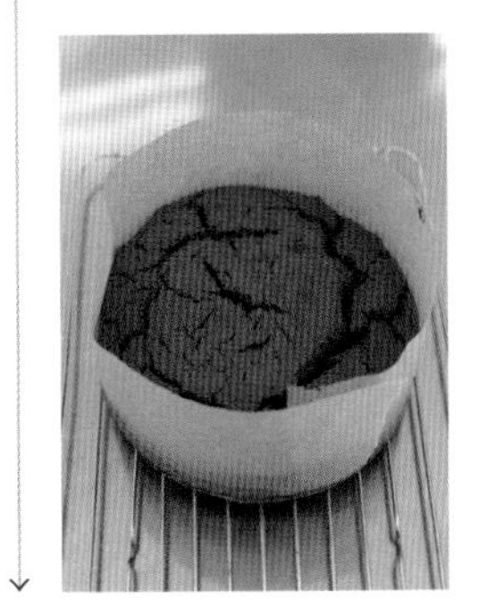

脱模后，不必揭烤纸，直接放在冷却架上冷却即可。冷却至蛋糕不烫手后揭掉烤纸。

1 干果蛋糕

我每年都会用秋天腌渍好的干果做蛋糕。每当想吃的时候就做一次，有时来不及提前腌渍，就把干果简单浸泡一天，加入蛋糕糊。这款蛋糕中没有加鸡蛋，但风味非常浓厚，会给你带来极大的满足感。

做法→第 48 页

2 柠檬蛋糕

不知道大家有没有这样的感觉，随着年龄的增长而喜欢上了某种味道。对我而言，柠檬味的甜点就是如此。成品沁人的酸味让我着了迷似的爱上了柠檬的味道，这款蛋糕吃起来就像柠檬味的长崎蛋糕，口感非常轻盈。

做法→第 49 页

3 苹果蛋糕

加入新鲜的苹果还是煮熟的苹果是做苹果蛋糕时最容易让人困惑的一点。用全麦粉制作时我会选择新鲜的苹果，烤出来的苹果汁能充分渗入蛋糕中，而用低筋粉制作时则要放煮过的苹果，这样可以充分感受到苹果的味道。

做法→第 50 页

4 可可甜杏蛋糕

加入各种浆果和樱桃的巧克力蛋糕常常是蛋糕店的热卖商品。我个人觉得这样的搭配过于时髦，更喜欢用杏干做巧克力蛋糕，饱含水分的杏肉吃起来口感非常好。

做法→第 51 页

5 豆渣蛋糕

用豆渣做甜点时，为了去除豆腥味，往往要加一些柠檬汁。不过，用豆渣做的甜点有豆腥味也是理所当然的，不必太在意。这款蛋糕口感软软糯糯，可以充分感受到豆渣独特的风味。

做法→第 51 页

6 生姜蛋糕

想起喜欢生姜味道的朋友吃到这款蛋糕时的喜悦表情，就不由自主地在蛋糕糊中加了很多姜蓉。把姜蓉和蜂蜜混合在一起煮一下可以使姜蓉中的水分保持稳定，不容易渗出，减少失败。这样做虽然有点麻烦，但是请大家千万不要忘记。

做法→第 52 页

7 豆腐布朗尼

做这款布朗尼蛋糕时没有用鸡蛋，蛋糕糊中加入了豆腐，口感湿润柔滑。豆腐很美味，不必刻意掩盖它特有的味道。我用的是能充分突出豆腐风味的木棉豆腐，这也是我的一点小小的坚持。

做法→第 53 页

1 干果蛋糕

（快手蛋糕）

point

把各种干果切成和葡萄干大小差不多的小块，加入足量朗姆酒浸泡至少一个晚上。

原料（适用 18×8×6 厘米的磅蛋糕模具）

a
- 低筋粉　80 克
- 全麦粉　40 克
- 杏仁粉　20 克
- 泡打粉　1 小勺

b
- 豆浆（原味）　100 毫升
- 菜籽油　50 毫升
- 枫糖浆　50 毫升
- 黄蔗糖　20 克

- 混合干果　100 克 *
- 朗姆酒　适量

- 核桃仁　40 克

*把葡萄干、无花果干、杏干、蔓越莓干等喜欢的干果混合在一起即可。

准备

▶干果切成与葡萄干大小差不多的小块，倒入朗姆酒浸泡至少一晚，然后轻轻拭干备用（如果没时间，也可以在切好的干果中加 2 大勺朗姆酒，搅拌均匀）。

▶核桃仁用平底锅小火炒香，切碎备用。

▶模具中垫上烤纸。

▶烤箱预热至 180℃。

做法

①将原料 b 放入搅拌盆中，用打蛋器搅拌均匀。黄蔗糖差不多溶化后，混合原料 a，筛入盆中，画圈搅拌。

②还留有少量干粉时加入干果、核桃，换用橡胶刮刀快速搅拌。

③入模，抹平表面，烤箱预热至 180℃，烘烤 35 分钟。脱模冷却。

要准备多种干果比较麻烦，可以用袋装混合干果。图中的混合干果包含3种葡萄干、蔓越莓干、杏干、无花果干。

2 柠檬蛋糕（分蛋法）

原料（适用 18×8×6 厘米的磅蛋糕模具）

低筋粉　120 克

黄蔗糖　80 克

鸡蛋　2 个

菜籽油　50 毫升

豆浆（原味）　2 大勺

柠檬皮碎　需要用 1 个柠檬

柠檬汁　1 大勺

罂粟籽[①]　1/2 小勺

准备

▶分开蛋黄和蛋白。

▶模具中垫上烤纸。

▶烤箱预热至 180℃。

做法

①将蛋白放入搅拌盆中，用电动打蛋机高速打发。蛋白变得蓬松后分 3 次加入黄蔗糖，打到蛋白霜泡沫细腻、质地柔软，提起打蛋机，蛋白拉出的尖角轻轻下垂即可。

②把蛋黄、菜籽油、豆浆、柠檬皮碎依次加入蛋白霜中，每加入一种原料后都要认真搅拌均匀。

③筛入低筋粉，加入罂粟籽，用橡胶刮刀从盆底向上翻拌，搅拌到没有干粉。

④把蛋糕糊倒入模具中，抹平表面。烤箱预热至 180℃，烘烤 30 分钟。脱模冷却。

把柠檬皮表面黄色部分擦碎。
*注意，果皮的白色部分比较苦，尽量不要一起削下来。

柑橘类甜点与罂粟籽就像是固定公式，我总会不假思索地把它们组合在一起，二者搭配起来的确相得益彰。

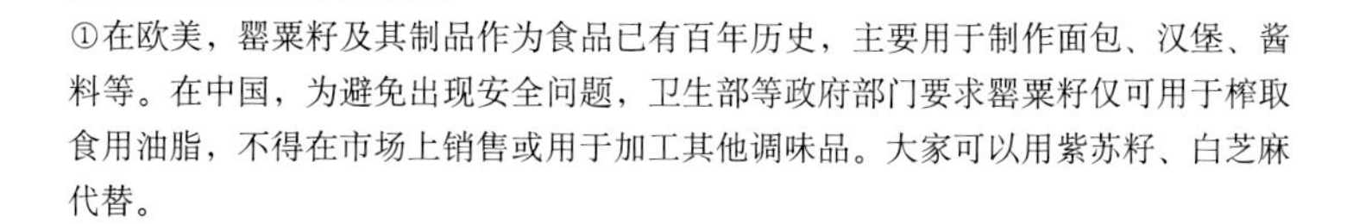

①在欧美，罂粟籽及其制品作为食品已有百年历史，主要用于制作面包、汉堡、酱料等。在中国，为避免出现安全问题，卫生部等政府部门要求罂粟籽仅可用于榨取食用油脂，不得在市场上销售或用于加工其他调味品。大家可以用紫苏籽、白芝麻代替。

3 苹果蛋糕

（全蛋法）

原料（适用边长 15 厘米的正方形模具）

低筋粉　120 克

a 黄蔗糖　50 克
a 鸡蛋　2 个

菜籽油　50 毫升

【煮苹果】（约 300 克）

苹果　2 个 *

黄蔗糖　2 大勺

水　50 毫升

* 推荐选用红玉等口味酸甜的苹果。

准备

▶模具中垫上烤纸。

▶烤箱预热至 180℃。

做法

①制作煮苹果。苹果去皮（也可以少留一点皮），切成 7 毫米长的小块，与黄蔗糖、水一起放入锅中，加盖小火煮 5～6 分钟。水量减少一半时，打开锅盖改用中火继续煮，同时搅拌收汁。取 250 克煮好的苹果备用。

②将原料 a 放入搅拌盆中，边隔水加热边用电动打蛋机高速打发。打发至蛋糊达到体温（36℃）后，取出搅拌盆。提起打蛋机，如果附着在上面的蛋糊像飘带一样流下，交叠在一起，就说明打发到位了。

③依次加入菜籽油、煮苹果，用电动打蛋机低速搅拌。筛入低筋粉，用橡胶刮刀从盆底向上翻拌，混合均匀。

④把蛋糕糊倒入模具中，抹平表面。烤箱预热至 180℃，烘烤 35 分钟。脱模冷却。

煮苹果时，苹果皮不用全部削掉，留一些鲜艳的红色果皮显得更可爱。煮的时候不要频繁搅拌，以保留苹果清脆的口感。

4 可可甜杏蛋糕（快手蛋糕）

原料（适用 18×8×6 厘米的磅蛋糕模具）

a
- 低筋粉　60 克
- 可可粉　40 克
- 杏仁粉　20 克
- 泡打粉　2/3 小勺

b
- 黄蔗糖　80 克
- 鸡蛋　2 个

- 菜籽油　50 毫升
- 豆浆（原味）　100 毫升
- 杏干　10 颗

准备

▶杏干加水浸泡，放入冰箱冷藏一个晚上。

▶模具中垫上烤纸。

▶烤箱预热至 180℃。

做法

①将原料 b 放入搅拌盆中，用电动打蛋机或打蛋器充分打发。依次加入菜籽油和豆浆，搅拌均匀。

②混合原料 a，筛入盆中，用打蛋器画圈搅拌。还留有少许干粉时加入杏干，换用橡胶刮刀快速混合。

③把蛋糕糊倒入模具中，表面抹平。烤箱预热至 180℃，烘烤 35 分钟。脱模冷却。

杏干用水浸泡一个晚上就会膨胀起来，吸足水分，好像又回到了新鲜状态，是我非常喜欢的一种干果。

加水，正好没过杏干，放入冰箱冷藏一个晚上。

做豆腐时，把大豆磨细、过滤出豆浆后留下的就是豆渣。豆渣的保存期限很短，有剩余时我会冷冻保存，但大多会在晚饭时用掉。

5 豆渣蛋糕（快手蛋糕）

原料（适用 18×8×6 厘米的磅蛋糕模具）

- 豆渣　100 克

a
- 低筋粉　80 克
- 泡打粉　2/3 小勺

b
- 黄蔗糖　80 克
- 鸡蛋　2 个

- 菜籽油　50 毫升
- 豆浆（原味）　80 毫升

准备

▶模具中垫上烤纸。

▶烤箱预热至 180℃。

做法

①将原料 b 倒入搅拌盆中，用电动打蛋机或打蛋器充分打发。依次加入菜籽油、豆渣、豆浆，搅拌均匀。

②混合原料 a，筛入盆中，用打蛋器画圈搅拌。

＊留有少许干粉也没关系。

③把蛋糕糊倒入模具中，抹平表面。烤箱预热至 180℃，烘烤 40 ~ 45 分钟。脱模冷却。

6 生姜蛋糕（全蛋法）

原料（适用 18×8×6 厘米的磅蛋糕模具）

a
- 低筋粉 120 克
- 杏仁粉 20 克

b
- 黄蔗糖 70 毫升
- 鸡蛋 2 个

菜籽油 50 毫升

- 姜蓉 150 克
- 蜂蜜 80 克
- 豆浆（原味） 1 大勺

准备

▶模具中垫上烤纸。

▶烤箱预热至 170℃。

做法

①在小锅中放入姜蓉和蜂蜜，中火煮沸，用木铲边搅拌边煮约 5 分钟，使水分蒸发（总量约 150 克即可），关火冷却后倒入豆浆混合均匀。

②将原料 b 倒入搅拌盆中，用热水边隔水加热边用电动打蛋机高速打发。蛋糊达到人体温度（36℃）后，从热水中取出搅拌盆。提起打蛋机，附着在上面的蛋糊像飘带一样流下，交叠在一起，就打发好了。

③依次加入菜籽油、姜蓉，用电动打蛋机低速搅拌。筛入原料 a，换用橡胶刮刀从盆底向上翻拌，混合均匀。

④把蛋糕糊倒入模具中，抹平表面。烤箱预热至 170℃，烘烤 45 分钟。脱模冷却。

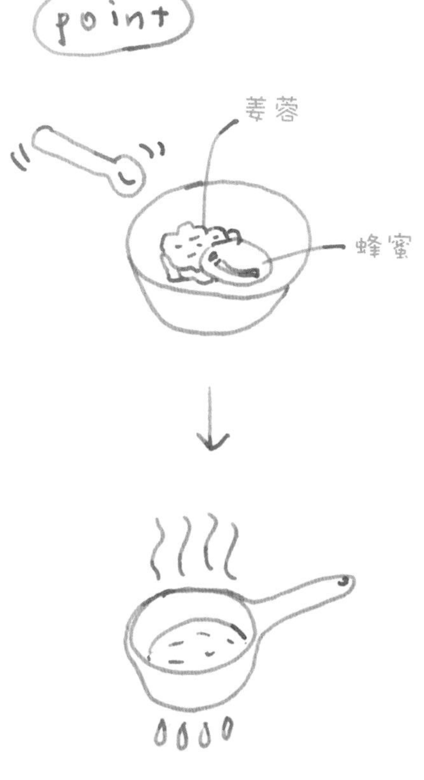

7 豆腐布朗尼（快手蛋糕）

原料（适用边长 15 厘米的正方形模具）

a
- 全麦粉　80 克
- 可可粉　40 克
- 泡打粉　1/2 小勺

b
- 木棉豆腐　120 克
- 黄蔗糖　80 克
- 豆浆（原味）　100 毫升
- 菜籽油　50 毫升

准备

▶混合原料 a，筛入搅拌盆中。

▶模具中垫上烤纸。

▶烤箱预热至 180℃。

做法

①将原料 b 放入食品料理机，搅拌成柔滑的糊状（也可以用搅拌器或研磨器处理）。

②把①倒入盛放原料 a 的搅拌盆中，用打蛋器搅拌至看不到干粉。

③把蛋糕糊倒入模具中，抹平表面。烤箱预热至 180℃，烘烤 30 分钟。脱模冷却。

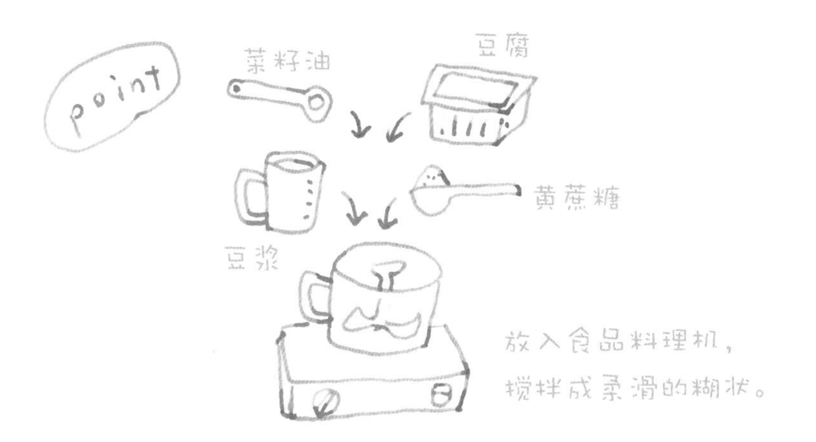

在甜点中加入豆腐可以使口感变得非常湿润。如果喜欢豆腐带来的余味，推荐选用木棉豆腐。

8 黑糖长崎蛋糕

喜欢收集甜点盒的朋友一定很多吧！看到这个盒子时，比起里面的甜点，我更想要盒子，于是买了下来。这款长崎蛋糕比一般的略矮一点，放在小盒子里当礼物，收到的朋友一定很开心。

做法→第 58 页

9 摩卡巧克力蛋糕

这是一款略带苦味、口感轻柔的摩卡咖啡风味的海绵蛋糕，里面加了巧克力豆。与单纯的巧克力味或咖啡味相比，我更喜欢二者融合在一起的味道。

做法→第 59 页

10 杏仁蛋糕

做这款蛋糕时，我加的杏仁粉比平时还要多，同时只用枫糖浆来增添甜味。这款蛋糕虽然外形普通，但用料绝对称得上奢侈。加入用带皮杏仁磨的杏仁粉，香味十分浓郁。与刚出炉时相比，第二天再品尝口感更湿润、更美味。

做法→第 60 页

11 胡萝卜蛋糕

蛋糕中加入了足量胡萝卜蓉，口感湿润软糯。推荐大家做给讨厌胡萝卜的小朋友尝尝，喜欢胡萝卜的朋友更是不容错过哦！

做法→第 61 页

12 玉米面包

在书里介绍的这些甜点中，玉米面包是为数不多的一款适合趁热吃的美味，烤好之后稍微晾一会儿最好吃。玉米面包外加一份煮蔬菜可以当早餐，搭配白葡萄酒做开胃头盘也是一种值得推荐的吃法。

做法→第 61 页

8 黑糖长崎蛋糕（全蛋法）

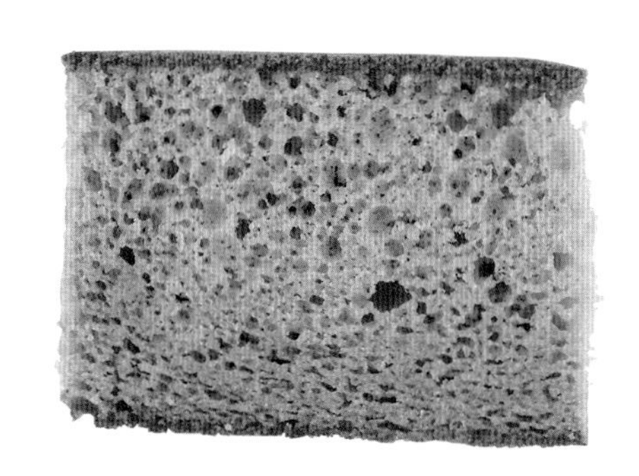

原料（适用边长 15 厘米的正方形模具）

低筋粉　100 克

a
- 黄蔗糖　50 克
- 黑糖（粉末型）　30 克
- 鸡蛋　3 个

b
- 菜籽油　1 大勺
- 豆浆（原味）　1 大勺
- 蜂蜜　1 大勺

准备

▶低筋粉过筛。

▶混合原料 b，备用。

▶模具中垫上烤纸。

▶烤箱预热至 180℃。

做法

①将原料 a 倒入搅拌盆中，把搅拌盆浸入热水，用电动打蛋机隔水高速打发。蛋糊达到体温（36℃）后，从热水中取出搅拌盆。提起电动打蛋机，如果附着在上面的蛋糊像飘带一样流下，交叠在一起，说明打发到位了。

②向原料 b 中盛入一刮刀打好的蛋糊，用打蛋器拌匀。把原料 b 倒入蛋糊中，换用橡胶刮刀从盆底翻拌。

③筛入低筋粉，用橡胶刮刀翻拌，直到蛋糕糊均匀，有光泽。

④把蛋糕糊倒入模具中，表面用牙签来回划几下（消去表面的大气泡），用刮板抹平。烤箱预热至 180℃，烘 . 烤 10 分钟，然后降到 160℃，再烘烤 30 分钟。蛋糕烤好后脱模，放至温热不烫手时用保鲜膜或保鲜袋包好，完全冷却后再揭掉烤纸。

搅拌到蛋糕糊蓬松柔软、有光泽。

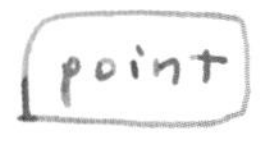

表面用牙签来回划几下（消去表面的大气泡）。

我用的是粉末状的黑糖，口感独特、风味浓郁。加入过多会影响鸡蛋打发，可以用黑糖来代替部分黄蔗糖，这样对打发效果影响不大。

9 摩卡巧克力蛋糕（分蛋法）

原料（适用 18×8×6 厘米的磅蛋糕模具）

低筋粉　120 克
黄蔗糖　70 克
鸡蛋　2 个
菜籽油　50 毫升
速溶咖啡　2 大勺
热水　50 毫升
巧克力豆　30 克

准备

▶分开蛋黄和蛋白。
▶速溶咖啡用热水冲开备用。
▶模具中垫上烤纸。
▶烤箱预热至 180℃。

做法

①把蛋白打入搅拌盆中，用电动打蛋机高速打发。蛋白变得蓬松雪白后分 3 次加入黄蔗糖，打到蛋白霜泡沫细腻，质地柔软。提起打蛋机，蛋白霜拉起的尖角轻轻下垂，就说明打发好了。

②依次加入蛋黄、菜籽油、咖啡，每加入一样原料后都要认真搅拌均匀。

③筛入低筋粉，用橡胶刮刀从盆底向上翻拌，搅拌到没有干粉。加入巧克力豆，快速拌匀。

④把蛋糕糊倒入模具中，抹平表面。烤箱预热至 180℃，烘烤 30 分钟。脱模冷却。

请选用以有机咖啡豆为原料制作的速溶咖啡。可以的话，最好选择深度烘焙型咖啡豆，成品风味更平衡和谐。

10 杏仁蛋糕（全蛋法）

原料（适用直径 15 厘米的圆形模具）

a
- 低筋粉　80 克
- 杏仁粉（最好用带皮磨成的杏仁粉）　60 克
- 全麦粉　20 克

b
- 鸡蛋　2 个
- 枫糖浆　100 毫升

菜籽油　50 毫升

准备

▶模具中垫上烤纸。

▶烤箱预热至 180℃。

做法

①将原料 b 倒入搅拌盆中，把搅拌盆浸入热水，用电动打蛋机隔水高速打发。蛋糊达到体温（36℃）后，取出搅拌盆。提起打蛋机，如果附着在上面的蛋糊像飘带一样流下，交叠在一起，就说明打发到位了。

②加入菜籽油，用电动打蛋机低速搅拌。筛入原料 a，换用橡胶刮刀翻拌，混合均匀。

③把蛋糕糊倒入模具中，抹平表面，烤箱预热至 180℃，烘烤 35 分钟。脱模冷却。

用带皮杏仁磨成的杏仁粉香味更浓郁。

11 胡萝卜蛋糕（快手蛋糕）

原料（适用 18×8×6 厘米的磅蛋糕模具）

a
- 全麦粉　80 克
- 低筋粉　60 克
- 肉桂粉　1/4 小勺
- 泡打粉　2/3 小勺

b
- 黄蔗糖　40 克
- 鸡蛋　2 个

菜籽油　50 毫升

豆浆（原味）　50 毫升

擦碎的胡萝卜蓉　150 克（1 根～$1\frac{1}{2}$ 根）

葡萄干　50 克

准备

▶模具中垫上烤纸。

▶烤箱预热至 180℃。

做法

①将原料 b 倒入搅拌盆中，用电动打蛋机充分打发。依次加入菜籽油、胡萝卜蓉（连同胡萝卜汁）、豆浆，每加入一种原料后都要认真搅拌。

②混合原料 a，筛入盆中，用打蛋器搅拌。留有少许干粉时加入葡萄干，换用橡胶刮刀快速拌匀。

③把蛋糕糊倒入模具，抹平表面。烤箱预热至 180℃，烘烤 35 ～ 40 分钟。脱模冷却。

玉米粉是将玉米烘干后磨成的面粉。按颗粒大小由细到粗依次是细玉米粉、粗玉米粉、玉米渣。做玉米面包用的是比较粗的玉米粉。

12 玉米面包（快手蛋糕）

原料（适用 18×8×6 厘米的磅蛋糕模具）

a
- 玉米粉　60 克
- 低筋粉　60 克
- 泡打粉　1/2 小勺
- 盐　1/4 小勺

b
- 鸡蛋　2 个
- 黄蔗糖　$1\frac{1}{2}$ 大勺

菜籽油　50 毫升

豆浆（原味）　50 毫升

准备

▶模具中垫上烤纸。

▶烤箱预热至 180℃。

做法

①将原料 b 倒入搅拌盆中，用电动打蛋机充分打发。依次加入菜籽油、豆浆，每加入一种原料后都要认真搅拌。

②混合原料 a，筛入盆中，用打蛋器搅拌。

＊留有少许干粉也不要紧。

③把蛋糕糊倒入模具中，抹平表面。烤箱预热至 180℃，烘烤 35 分钟。脱模冷却。

新工作室诞生了

筹划了很久的小工作室布置好了。
它成了我和姐姐一起工作的地方。
姐姐三国万里子开办了编织教室，我则创办了甜点教室，同时在这里试做一些新品种，
每周有几天我会开放小窗口，售卖一些甜点。
工作室成立后，自己想做的事也一点点变为了现实，非常开心。

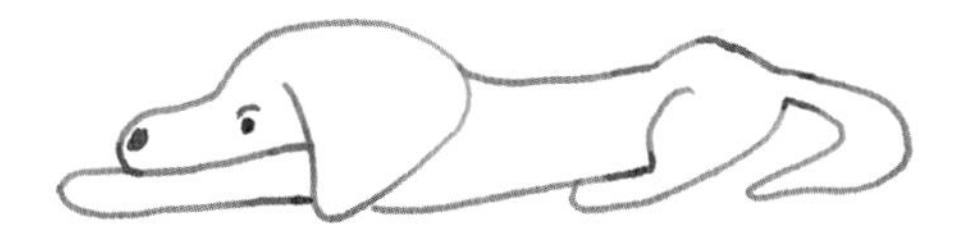

◎甜点贩卖日期、工作室的地址请参见网址
http://foodmood.jp/

*出售的甜点以饼干礼盒为主。

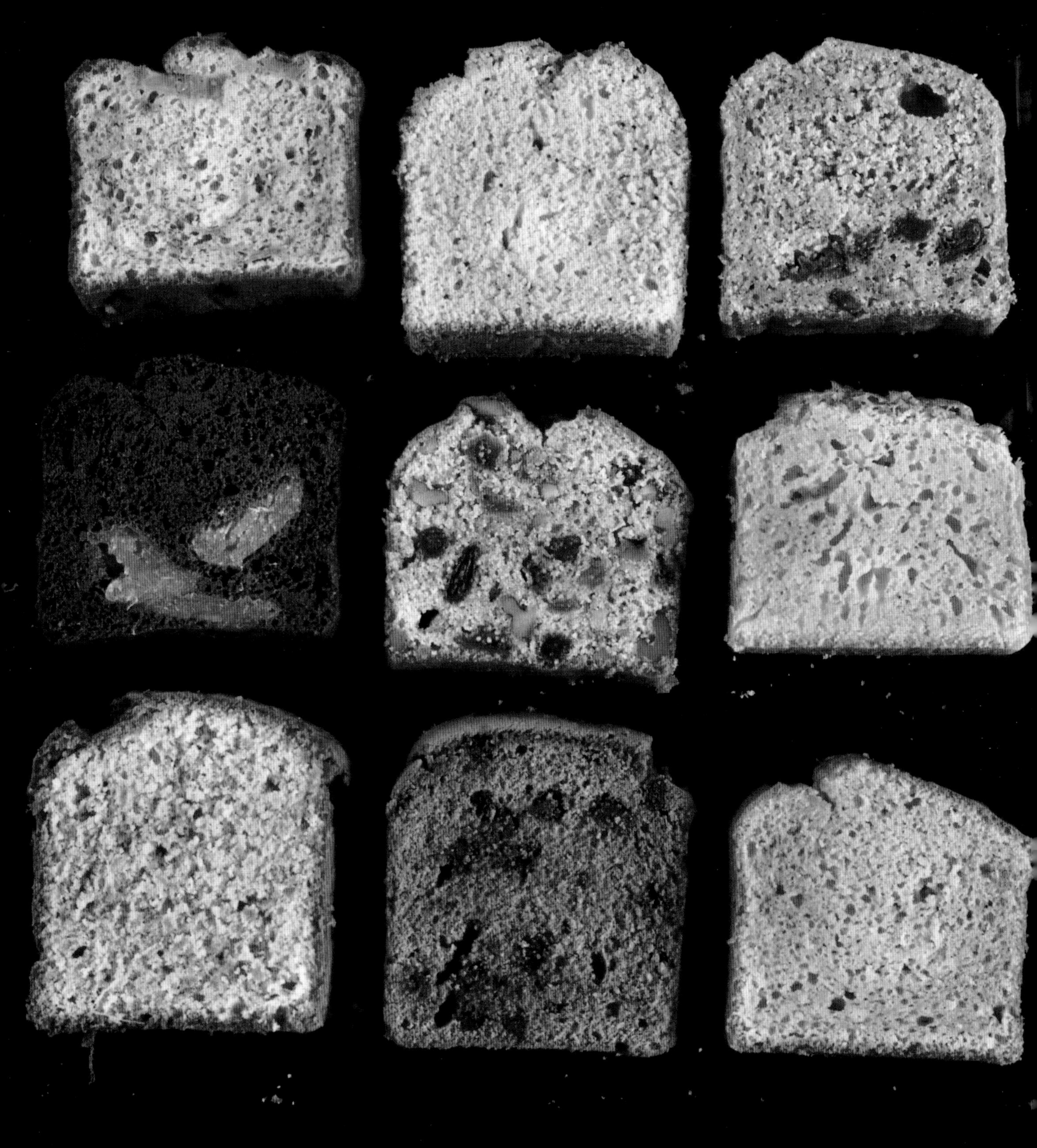

关于工具

经常有朋友问“没有电动打蛋机能做蛋糕吗？”
做是可以的，但是手动打发比较麻烦、费力，
如果因此放弃手工制作甜点，就太可惜了。
下面要介绍的都是一些我感觉用起来很方便的工具。

1. 搅拌盆

我用的是直径23厘米的不锈钢搅拌盆。盆身要有一定的深度，打发蛋液或用手混合面团时比较方便。如果有条件，最好再准备一些其他尺寸的搅拌盆。

2. 电动打蛋机

我喜欢用功率比较大的电动打蛋机。打发蛋白或者全蛋时不会花费太多时间。不过，要注意避免打发过度，快接近理想效果时最好换用打蛋器调整。请选择大小、轻重都合手的产品。

3. 打蛋器

我喜欢用无印良品和法国Matfer公司生产的打蛋器。这些产品手感好、容易清洗，准备一支操作起来非常方便。

4. 筛网

图中的是做料理用的带小挂钩的筛网。做甜点会用到两种筛网，一种网眼比较细，另一种网眼稍粗一点。处理全麦粉和杏仁粉时，用细孔筛网容易堵塞网眼，用普通筛网比较方便，而可可粉、抹茶粉等粉粒细腻的原料更适合用细孔筛。

5. 橡胶刮刀

最好选择耐热性强、手柄也是硅胶制的刮刀，方便清洗。也可以用木铲代替，但在搅拌原料的过程中还是用刮刀更加方便，最好准备一支，日常烹饪中也可以用。

6. 刮板

我试用过各种类型的刮板，不要选太软的，稍微有点硬度更好用。我通常选用Matfer公司的刮板，做司康和挞皮时，用它来刮取搅拌盆中的面团非常方便。

7. 量勺

大勺（15毫升），小勺（5毫升）最好各准备一个。用深度浅、直径大的量勺称量原料比较困难（称量结果通常比配方用量略少），一定要选择有一定深度的量勺。

8. 擀面杖

用来擀挞皮和派皮，不需要很粗，选用容易握持的就可以了。擀面杖也可以代替磨碎棒，用来碾碎原料。

9. 烤纸

普通纸质的烤纸和硅油纸都可以循环使用，选择自己喜欢的类型即可。垫在模具内侧的烤纸要选用纸质的。

本书中用到的模具选的都是适合家庭使用的尺寸，做好的甜点可以一次吃完。
圆形模具主要有直径15厘米和18厘米两种，
用直径18厘米的模具做的甜点要全部吃完可能需要点时间，
所以我选了直径15厘米的模具，这样如果吃完再想吃，可以接着做。
这些模具都很容易买到，另外，你还可以用布丁模代替麦芬模，挞盘和派盘也能通用。

磅蛋糕模具

我常用18×8×6厘米的白铁皮或不锈钢制的模具。本书中用的是cuoca品牌特制的白铁皮磅蛋糕模具，我常选用小号的。使用前要先在模具内侧垫上烤纸或者涂一层油。

圆形模具

我用的是直径15厘米的白铁皮或不锈钢制模具，有活底的也有固底的。巧克力蛋糕等质地柔软的甜点脱模时容易碎，如果只准备买一只圆形模具，推荐选择活底的。使用前要先在模具内侧垫上烤纸或者涂一层油。

方形模具

我用的是边长15厘米的白铁皮或不锈钢制产品，也可以用尺寸相同、做鸡蛋豆腐专用的模具。使用前要先在模具内侧垫上烤纸或涂一层油。

麦芬模

本书中用的是直径7厘米的〝cuoca×chiyoda麦芬6连模〞和另外两种带有氟树脂不粘涂层的模具。用chiyoda的模具烤出的蛋糕外形非常漂亮。当然，用有氟树脂不粘涂层的模具也一样能做出美味的麦芬。

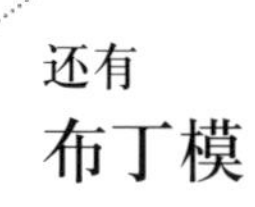

还有布丁模

如果没有麦芬模，也可以用直径约7厘米的布丁模代替。和麦芬模一样，使用前要在里面垫上纸杯。如果蛋糕糊有剩余，可以装在布丁模中烘烤。

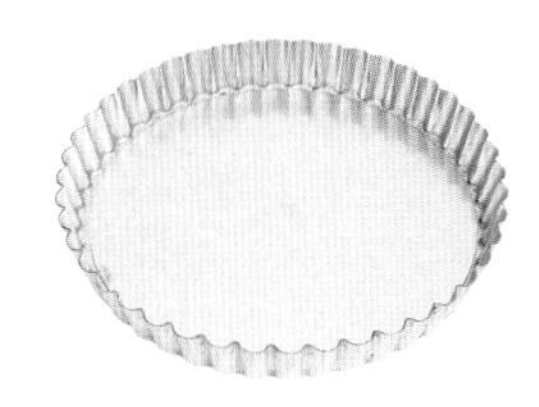

挞盘

我用的是直径16厘米的活底挞盘，由法国Matfer公司生产，用它可以做出漂亮的花边。你也可以用和图中相近、容易买到的模具。无论选用哪一种，使用前都要在花边内侧涂少许油，脱模时会很漂亮。

派盘

我用的是直径16厘米的派盘。和挞盘不同的是，它更平、更浅。也可以用耐热性强的平盘代替。

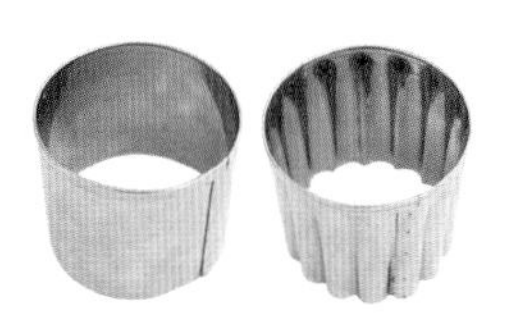

切模

做司康的模具，我用的是直径5厘米的圆形和菊花形切模。如果没有切模，用直径大小差不多的杯子也可以。比起复杂的模具，我更喜欢用手把司康整成圆形或方形，简单朴素。

●铺烤纸的方法

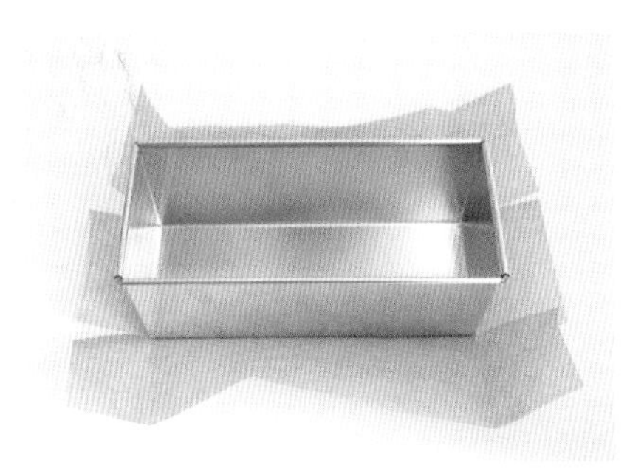

把烤纸垫在模具下方，四周留出的纸边宽度相当于模具高度再加1.5厘米，用剪刀裁下多余部分。沿着模具底部折出折痕，在4个角的位置各剪一刀。

按折痕折好烤纸，放入模具。烤纸边缘稍微高于模具比较容易脱模。

●在挞盘中涂油的方法

先在模具底部涂少许菜籽油，用手指抹匀。四周的花边部分要特别注意涂匀。用指尖在模具内均匀地抹一层油，脱模时非常方便。

●用纸制或木制模具烘烤

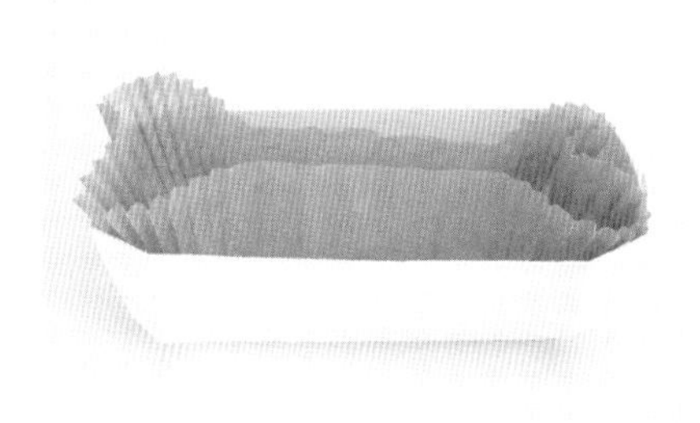

用纸制或木制模具做蛋糕时，注意不要烤过。纸制和木制模具比白铁皮和不锈钢模具薄，蛋糕容易烤得过干。烤好的蛋糕冷却到不烫手后要用保鲜袋装好保存。

关于原料

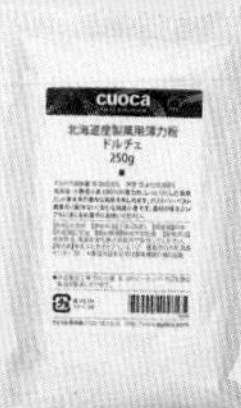

低筋粉

我用的是收获后没有洒农药（运输过程中为了防腐或者防虫，有些农作物会喷洒一种被称为“postharvest”的农药）、可以放心使用的面粉，通常会选用北海道江别制粉出品的烘焙专用低筋粉。与进口面粉相比，这种面粉蛋白质含量更高，也有人说它的膨胀性弱，但我觉得没有问题。这种面粉适合做各种甜点，成品口感湿润，这也是我非常满意的一点。

全麦粉

我用的是富泽商店出售的北海道产低筋全麦粉，以整粒小麦为原料加工而成，颗粒略粗，能充分感受到面粉带来的令人愉快的味道。采用本书中的配方时，如果全麦粉全部选用格雷汉姆全麦粉（Graham flour，全麦粉的一种，以美国早期膳食改革倡导者西尔威斯特·格雷汉姆的名字命名），香味会比较浓，这一点需要注意。如果新产品未标明低筋或高筋，可以参考包装袋上写的用途（面包专用或蛋糕专用）来区分。只是少量添加时，用高筋粉代替也没有问题。

鸡蛋

本书用的全部是中等大小的鸡蛋。要选择新鲜鸡蛋，可以的话，最好选择以安全饲料喂养的鸡产的蛋。

杏仁粉

用杏仁磨成的粉，可以使甜点风味更加浓郁，口感更加湿润。用低筋粉做的甜点味道比较单一，加一点杏仁粉能大大提升风味。不过，也不能加太多，那只会使味道变得过于厚重，感觉油腻，要注意这一点。杏仁粉很容易变质，请冷藏保存。

菜籽油

我做甜点的重点之一就是油的选择。选择原料油的标准就是是否喜欢它的味道。我用的是会津·平出油屋的产品，以昂贵的日本产菜籽为原料经过复杂工序提炼而成，呈漂亮的金黄色，可以赋予甜点浓郁的香味。也可以选用更容易买到的白芝麻油代替菜籽油。油很容易酸化变质，请尽量购买小瓶装的新鲜产品。

枫糖浆

我非常喜欢枫糖浆的味道，口感清淡的甜点中只要加入1勺枫糖浆，立刻就会变得风味浓郁。它特别适合搭配添加了干果和坚果、用全麦粉做的甜点。顶级枫糖浆又分为4个等级：Ex Light、Light、Medium、Amber。Medium型的枫糖浆颜色深浅适中，风味柔和，做出的甜点非常美味。我喜欢用加拿大CITADELLE的枫糖浆。

黄蔗糖

黄蔗糖精制度低，保留了丰富的矿物质，能让人充分感觉到甘蔗的甜味。不管是做甜点还是日常烹饪，都可以用。

我平时用的就是每天做饭经常用的原料。
杏仁粉平时做饭也会用吗？也许一些朋友会有这样的疑问。
其实在汤或咖喱中加点杏仁粉可以使味道变得更浓郁。
做甜点是我的职业，但我对新式食材不太感兴趣，
总是想用现有的原料做出新花样。
下面就介绍一下选择原料要注意的问题。

盐

无论是做甜点，还是日常烹饪，我都会用天然盐。从海水中提炼出的盐比较湿，要用平底锅大火翻炒一下，再放入容器中保存。

黑糖

比黄蔗糖精制度更低，完全保留了蔗糖粗犷的甘甜味。黑糖略有一点咸味，这也是它的特别之处。配方中的糖量如果全都选用黑糖，会影响蛋糕的膨胀性，最好是用黑糖来替代部分普通砂糖。

泡打粉

RUMFORD品牌的无铝泡打粉，注意每天摄入量不要过多。泡打粉的新鲜度很重要，开封后保存时间过长，效果可能减弱，影响膨胀。如果在冷藏室保存了半年以上，就不要再用了，请购买新品。

巧克力

我用的是不含乳制品、获得公平贸易认证[1]的有机黑巧克力。配方中有时会用到巧克力豆，与烘焙专用巧克力豆相比，我更喜欢用切成小块的板状巧克力。

可可粉

请选择不添加其他原料的纯可可粉。可可粉质地细腻，容易结块，过筛时最好选用网眼比较细的筛网。另外，可可粉比较容易受潮，开封用过之后要立刻密封保存并尽快用完。

蜂蜜

可以赋予甜点浓郁独特的风味。推荐大家选用洋槐或莲花蜂蜜等，这些蜂蜜没有怪异的味道。蜂蜜含糖量很高，烤好的蛋糕上色非常漂亮，但加入过多会影响蛋糕的膨胀性，成品扁平，用蜂蜜代替部分砂糖比较合适。

坚果

最好选用无油、无盐、未经漂白的天然坚果，我常用核桃、杏仁、美国山核桃。使用前用平底锅小火炒香或者放入烤箱150℃低温烘烤10分钟，风味更佳。

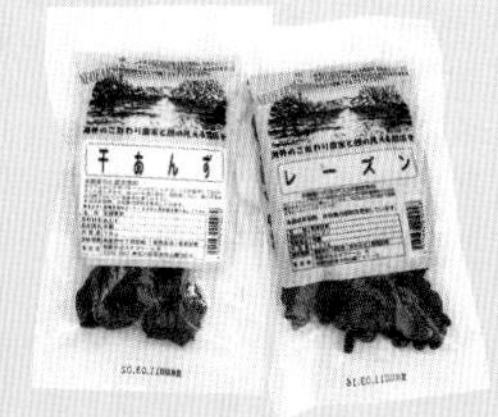

干果

我选用的是不含油和糖的干果。使用前可以用朗姆酒或水浸泡一下，干果饱含水果的甜味，用它们做出的甜点很有嚼头。

豆浆

请选择以非转基因大豆为原料加工的豆浆，并且尽可能选择有机产品。在蛋糕里加一些豆浆，成品会变得非常湿润，做挞或者派时加一些，挞皮酥脆可口。

---

①Fair Trade，一种产品认证体系，其设计目的是为了让人们辨别某一产品是否符合下列标准：环保、劳动人权以及第三世界的发展利益。

包装方法

巧克力蛋糕

⇒ 用烤纸包装

巧克力口味的甜点外表呈咖啡色，很容易沾在包装袋上，影响美观，最好先用烤纸包一下再放入透明包装袋里，样子非常可爱。袋口折到底部，用胶带粘好。

磅蛋糕

⇒ 用烤纸打造出的土产风格的包装

先用透明塑料纸把磅蛋糕包好，外面再包上烤纸，然后用麻绳绑个十字结就可以了。简单质朴的磅蛋糕一下变得时尚起来。提手部分可以留得稍长一些，土产风格的包装就完成了。

磅蛋糕

⇒ 用木制模具包装

木制模具可以烤蛋糕，也可以用来包装蛋糕。把磅蛋糕切成片，整齐地排好，用透明塑料袋包起来，袋口折到底部，用胶带粘好。这样自然的木制风格比较适合质朴的烘烤类甜点。

挞

⇒ 用现成的空盒包装

我想把完整的挞作为一份礼物，但是挞比较薄，装在普通蛋糕盒里感觉很空。这时，我发现了以前买盘子时包装用的盒子，放在里面刚刚好！在底部垫上包装食物用的薄纸，把挞直接放进去，然后系上蝴蝶结或者用麻绳绑成十字结就完成了。

我做的甜点外形比较素朴，比起豪华的包装，
我更喜欢用手边有的原料快速包装一下，带给人一种简单干净的感觉。
外形可爱、舍不得丢掉的包装盒、储物瓶都可以用来装甜点，效果都很棒。
这样送人不会让对方感觉礼物太贵重，比较容易安心接受。

麦芬

⇒ 装在怀旧风的盒子里

把麦芬一个一个单独包装起来非常可爱，不过有时我也会用盒子包装，让看起来随意的麦芬换一种风格。这是从古董市场淘来的旧盒子，我在里面垫了烤纸，装了4种不同口味的麦芬。仿佛打开盒盖的瞬间就会听到一片欢呼声。

麦芬和挞

⇒ 用透明塑料袋包成三角形

在国外的甜点店经常能看到这种做成土产风格的三角形包装，我很喜欢。打开透明塑料包装袋的封口，沿对角线折叠，使左右两边重叠在一起，这样就变成了三角形。把烤纸或者垫纸裁剪一下垫在里面，然后放入麦芬或者切好的挞，再把封口折到底部，用胶带封住。这样可以把水果挞等包装得非常漂亮！

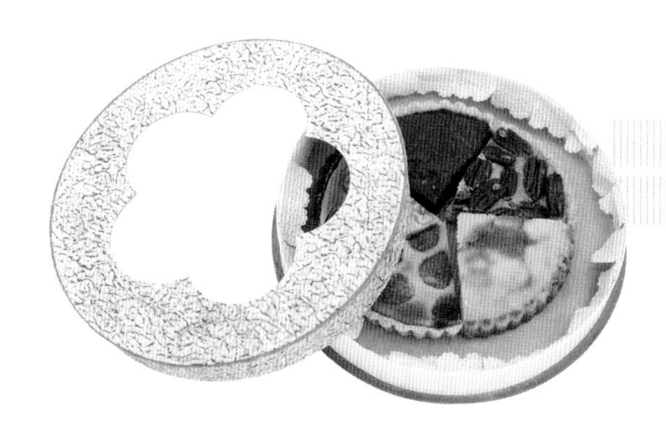

挞

⇒ 不同风味装在一起

这是一个空甜点盒，盒盖做了花式镂空。我在里面垫上烤纸，装了5种不同口味的挞。我也很想收到这样包装的甜点啊！

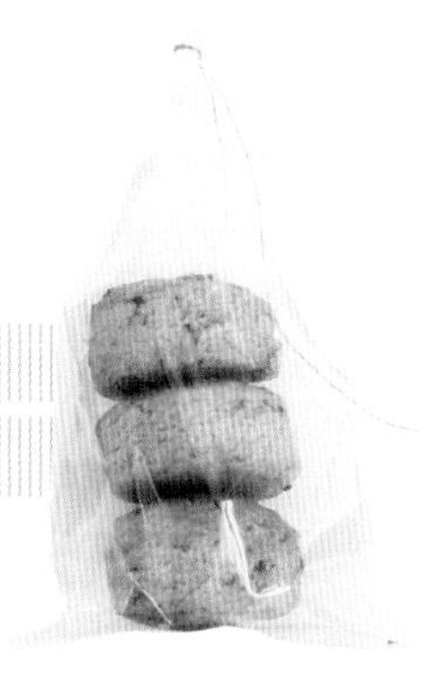

司康

⇒ 摞起来装在透明包装袋中

把司康摞起来装入透明包装袋，封口处系上麻绳。轻巧的司康非常适合这种简单的包装。

司康

⇒ 装在瓶子里

旧玻璃瓶可以装入2种司康。瓶子是密封的，不用担心受潮。

司康

⇒ 带“小窗”的纸袋

纸袋上做了一个透明的“小窗”，透过“窗口”可以看到里面。把巧克力司康装在袋子中，袋口用封口贴粘好，简单又时尚。

关于保存期限

我做的蛋糕比用黄油和砂糖做的保存期限要短。最好吃多少做多少，尽快吃完。这些甜点大都是做好当天吃最美味。

◎存放时，可以用保鲜膜包起来或者装在保鲜袋中，防止变干。

◎加入了水分充足的水果（香蕉、橘子、蓝莓、菠萝、苹果、草莓等）的甜点、含水量高的胡萝卜蛋糕、豆腐系列的蛋糕（豆渣蛋糕、豆腐布朗尼）需要冷藏保存。

◎除了这些含水量高的甜点，其他各种甜点可以放在凉爽的地方常温保存，2～3天吃完。

◎天气湿热时，如果不打算马上享用，所有甜点都需要冷藏保存。

◎麦芬和司康在吃之前用烤箱烤一下更美味。

Part 4 挞和派

不加黄油也可以做出挞和派吗?
除了磅蛋糕和饼干，很多朋友对于用菜籽油做挞和派也有类似的疑问。
没错，完全可以。
与散发着浓郁黄油香的挞和派不同，这些挞和派是用菜籽油做成的美味。

基础的挞

(美国山核桃挞)

比较适合对简单质朴的甜点兴趣不大的男性。
挞皮的做法和饼干做法基本相同，剩余的挞皮可以烤熟当小零食。

原料（适用直径 16 厘米的活底挞盘）

【挞皮】

a
- 低筋粉　80 克
- 全麦粉　20 克
- 黄蔗糖　2 大勺
- 盐　一小撮

菜籽油　2 大勺

水　$1\frac{1}{2}$ ~ 2 大勺

【杏仁奶油】

b
- 杏仁粉　40 克
- 低筋粉　30 克
- 黄蔗糖　$1\frac{1}{2}$ 大勺
- 泡打粉　1 小勺
- 盐　一小撮

c
- 菜籽油　$1\frac{1}{2}$ 大勺
- 枫糖浆　$1\frac{1}{2}$ 大勺
- 水　2 大勺

美国山核桃　50 克

刷表面用的枫糖浆　适量

0 准备

- 美国山核桃用平底锅小火炒香。
- 在模具内侧薄薄地涂一层菜籽油。
- 烤箱预热至 170℃。

1 混合粉类原料

制作挞皮。将原料 a 放入搅拌盆中，用类似淘米的手法拌匀。

2 加入油

加入菜籽油，用手指把量勺里剩余的油刮干净。

用手画圈搅拌，使油和粉类原料充分混合，变成鱼肉松状。

用双手掌心把原料搓散、搓细。

＊用手快速混合是打造松脆口感的秘诀。

基本混合均匀，原料变成干燥、松散的小颗粒状就可以了（没有明显结块）。

3 加入水

加入水，用手画圈搅拌。大致混合成团。

折叠面团，使面团变光滑。

＊难以混合成团时，可以加少许水（用量另计）。

4 整形入模

把面团放在保鲜膜上，用擀面杖横向、纵向交替擀平。

＊柔软度近似耳垂即可。

擀成比挞盘大一圈，厚 4 毫米的面片。

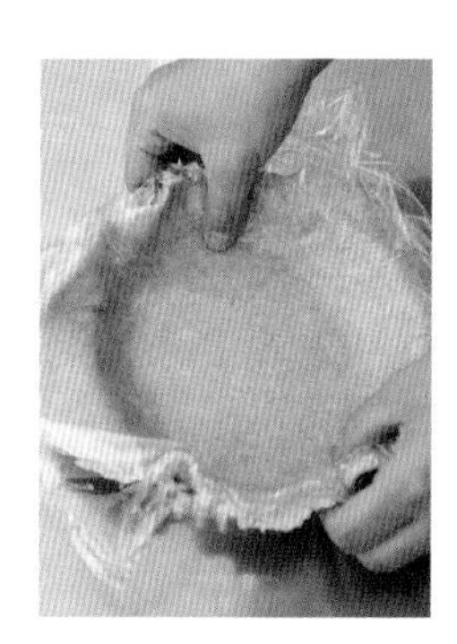

把挞皮和保鲜膜一起翻转，盖在挞盘上，隔着保鲜膜按压挞皮，使其紧贴模具底部和边缘。

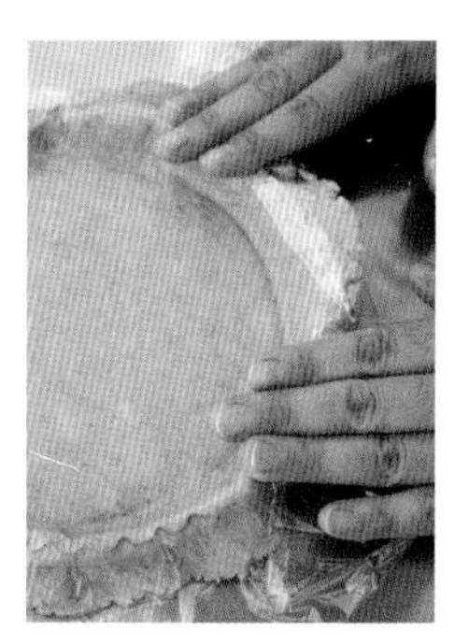

用手去掉周围多余的部分。

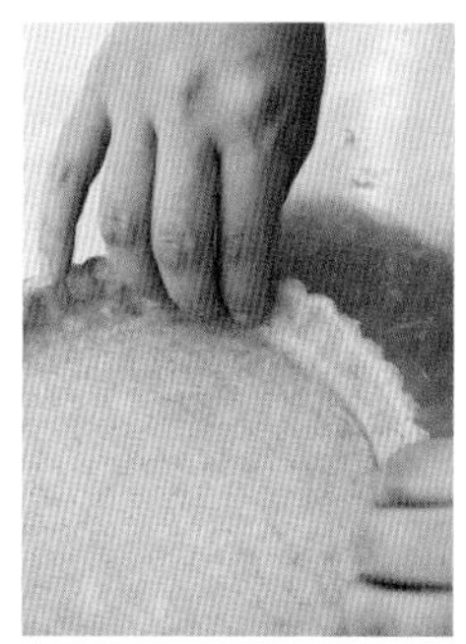
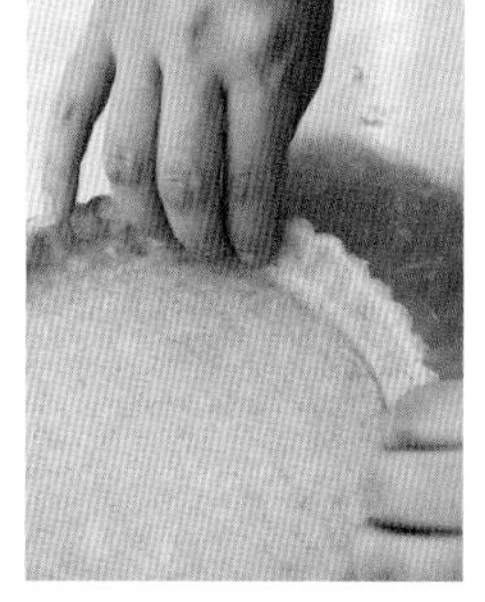

揭掉保鲜膜，用指尖再按压一下挞皮四周。

❺ 烘烤

用叉子在挞皮底部扎出气孔。烤箱预热至170℃，烤至表面上色，大约需要20分钟。

如果挞底在烘烤过程中鼓起来，可以打开烤箱取出挞盘用手轻轻挤出空气、压平挞皮（小心烫伤）。

烤好后，连模具一起放在冷却架上，烤箱重新预热至170℃。

❻ 制作杏仁奶油

将原料b筛入搅拌盆中。

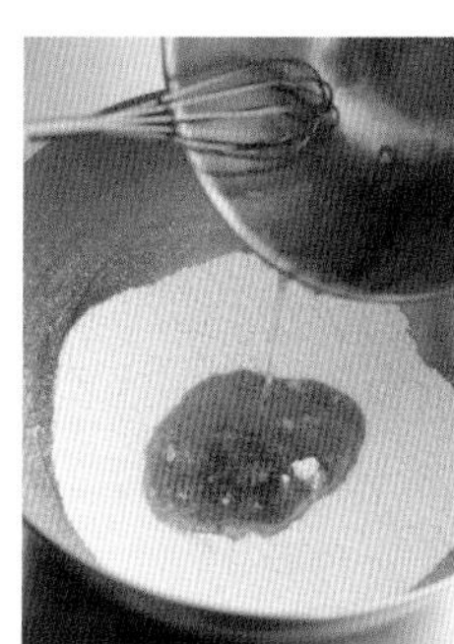

加入混合好的原料c。

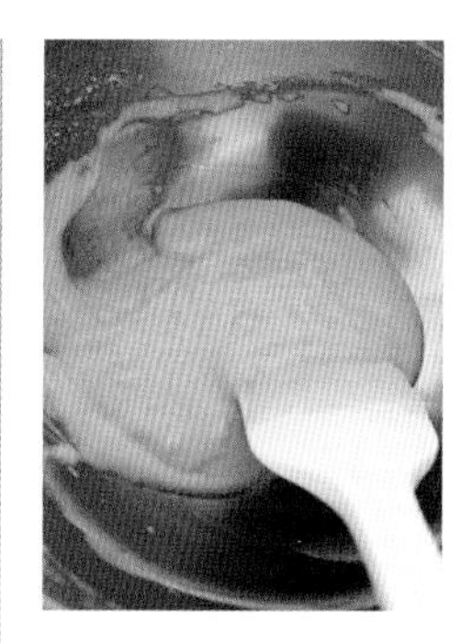

用橡胶刮刀搅拌至均匀柔滑、没有干粉。

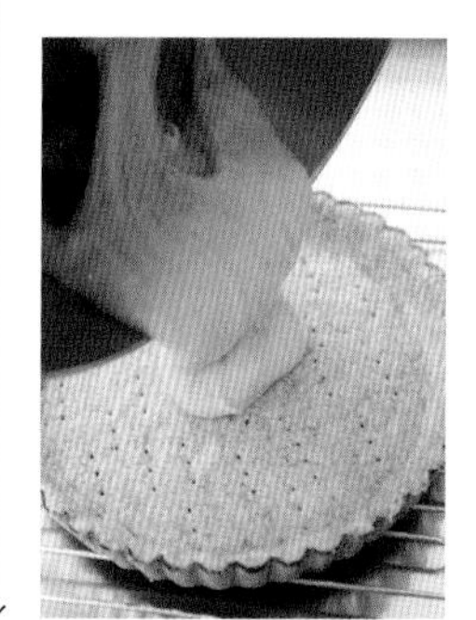

把做好的杏仁奶油倒入挞皮中，用橡胶刮刀抹平表面。

❼ 烘烤

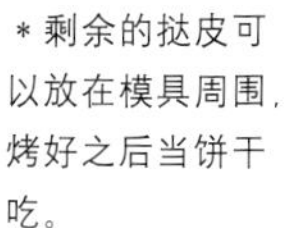

摆上美国山核桃。烤箱预热至170℃，烘烤35分钟，烤到表面上色。

＊剩余的挞皮可以放在模具周围，烤好之后当饼干吃。

取出模具，趁热用毛刷在表面刷上枫糖浆，连模具一起放在冷却架上冷却。晾至不烫手后脱模即可。

1 香蕉挞

我非常喜欢路边小摊上卖的巧克力与香蕉搭配的甜点，但始终没有勇气买。巧克力与香蕉，微微的苦中蕴含着香甜，二者搭配相得益彰。于是我自创了这款巧克力与香蕉搭配的甜点，把可可味挞皮、装饰用的香蕉、杏仁奶油组合在了一起。趁热吃非常美味，感觉香蕉好像在嘴里溶化了。

做法→第 80 页

2 可可橘子酱挞

不加巧克力、只用可可粉，也能烤出浓郁的味道。可可粉微微的苦和橘子酱的甜味非常和谐，在表面用淡奶油做点装饰也很棒。

做法→第 81 页

3 红薯挞

有些朋友觉得做挞很麻烦大都是因为挞皮不好做。这款挞无须先做挞皮，把杏仁奶油和红薯馅放入烤箱直接烘烤即可，非常简单。可不要再找理由说做红薯挞很麻烦哦。

做法→第 82 页

4 草莓布丁挞

布丁挞就是加入面粉制作的口感丰满的布丁。这是一款富有法国地方特色的甜点。除了草莓，也可以用其他应季水果，可以感受到当季的味道。

做法→第 83 页

1 香蕉挞

把香蕉切成厚1.5厘米的片。

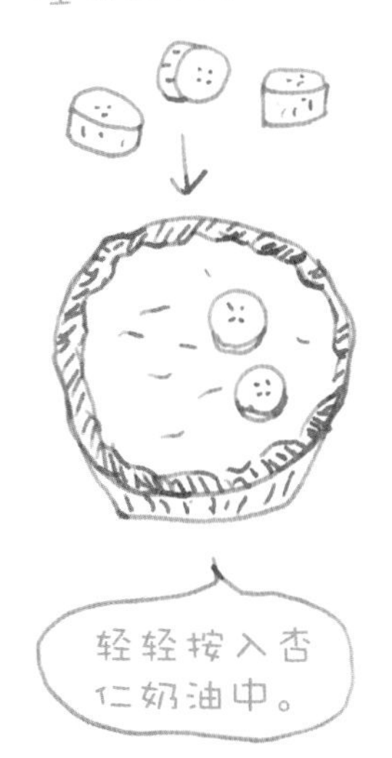

原料（适用直径16厘米的活底挞盘）

【挞皮】

a
- 低筋粉　60克
- 全麦粉　20克
- 黄蔗糖　2大勺
- 可可粉　1大勺
- 盐　一小撮

菜籽油　2大勺

水　1½～2大勺

【杏仁奶油】

b
- 杏仁粉　40克
- 低筋粉　30克
- 黄蔗糖　1½大勺
- 泡打粉　1小勺
- 盐　一小撮

c
- 菜籽油　1½大勺
- 枫糖浆　1½大勺
- 水　2大勺

香蕉　1～1½根（净重约150克）

准备

▶在模具中薄薄地涂一层菜籽油（用量另计）。

▶烤箱预热至170℃。

做法

①制作挞皮。将原料a放入搅拌盆中，用类似淘米的手法画圈搅拌。加入菜籽油，继续搅拌→用双手掌心把原料搓散、搓细→加入水，用同样的手法搅拌。折叠面团，使其混合成一团。

＊难以混合成团时，可以加少许水（用量另计）。

②把面团放在保鲜膜上，用擀面杖擀成比模具大一圈、厚约4毫米的挞皮，连同保鲜膜一同翻转，盖在模具上整形。去掉多余的部分，底部用叉子扎出气孔。烤箱预热至170℃，烘烤20分钟，取出后连模具一起冷却。烤箱重新预热至170℃。

③制作杏仁奶油。将原料b筛入搅拌盆中，倒入混合好的原料c，用橡胶刮刀搅拌至均匀柔滑。

④把③倒入挞皮中。香蕉切成厚1.5厘米的片，摆在表面。烤箱预热至170℃，烘烤35分钟。冷却至不烫手后脱模即可。

2 可可橘子酱挞

原料（适用直径16厘米的活底挞盘）

【挞皮】

a
- 低筋粉　80克
- 全麦粉　20克
- 黄蔗糖　2大勺
- 盐　一小撮

菜籽油　2大勺

水　1½～2大勺

【杏仁奶油】

b
- 杏仁粉　40克
- 低筋粉　20克
- 黄蔗糖　1½大勺
- 可可粉　1大勺
- 泡打粉　1小勺
- 盐　一小撮

c
- 菜籽油　1½大勺
- 枫糖浆　1½大勺
- 水　2大勺

橘子酱　2大勺

装饰用橘子酱（根据喜好添加）　适量

准备

▶在模具中薄薄地涂一层菜籽油（用量另计）。

▶烤箱预热至170℃。

做法

①制作挞皮。将原料a放入搅拌盆中，用类似淘米的手法画圈搅拌。加入菜籽油，继续搅拌→用双手掌心把原料搓散、搓细→加入水，用同样的手法搅拌。折叠面团，使其混合成一团。

＊难以混合成团时，可以加少许水（用量另计）。

②把面团放在保鲜膜上，用擀面杖擀成比模具大一圈、厚约4毫米的挞皮，连同保鲜膜一同翻转，盖在模具上整形。去掉多余的部分，底部用叉子扎出气孔。烤箱预热至170℃，烘烤20分钟，取出后连模具一起冷却。烤箱重新预热至170℃。

③制作杏仁奶油。将原料b筛入搅拌盆中，倒入混合好的原料c和橘子酱，用橡胶刮刀搅拌至均匀柔滑。

④把③倒入挞皮中，烤箱预热至170℃，烘烤35分钟。趁热在表面刷上橘子酱，冷却至不烫手后脱模即可。

我比较喜欢含橘子皮比较多的橘子酱。图中是在附近食材店买的TEKO'S JAM的有机栽培夏橘酱。

3 红薯挞

用竹签可以轻松扎透即可。

用锡纸把红薯包起来，放入烤箱烤熟。

原料（适用直径16厘米的活底挞盘）

【红薯馅】

红薯　1个（小个儿的，约200克）

a
- 豆浆（原味）　50毫升
- 枫糖浆　50毫升
- 肉桂粉　少许

【杏仁奶油】

b
- 杏仁粉　40克
- 低筋粉　30克
- 黄蔗糖　1½大勺
- 泡打粉　1小勺
- 盐　一小撮

c
- 菜籽油　1½大勺
- 枫糖浆　1½大勺
- 水　2大勺

装饰用肉桂粉　适量

准备

▶在模具中薄薄地涂一层菜籽油（用量另计）。

＊这款挞非常软，比较难脱模，所以模具花边部分内侧一定要仔细地涂满菜籽油。

做法

①制作红薯馅。用锡纸把红薯包起来，烤箱预热至160℃，烤到红薯可以用竹签轻松扎透，大约需要90分钟。趁热剥去外皮，留出150克备用。把红薯切成大小合适的块，放入食品料理机，加入原料a，搅拌成柔滑的红薯馅（或者借助叉子压碎，然后用橡胶刮刀搅拌均匀）。烤箱预热至170℃。

＊做好的红薯馅像奶油一样柔滑。如果觉得不够柔软、水分略少，可以加少许豆浆，甜味不够可以适当加一些枫糖浆（用量另计）。

②制作杏仁奶油。将原料b筛入搅拌盆中，加入混合好的原料c，用橡胶刮刀搅拌到柔滑状态。

③把②倒入模具中，表面抹上红薯馅。烤箱预热至170℃，烘烤35分钟。冷却至不烫手后脱模，根据个人喜好撒上肉桂粉即可。

4 草莓布丁挞

原料（适用直径16厘米的活底挞模）

【挞皮】

a
- 低筋粉　80克
- 全麦粉　20克
- 黄蔗糖　2大勺
- 盐　一小撮

菜籽油　2大勺

水　$1\frac{1}{2}$～2大勺

【布丁馅】

b
- 鸡蛋　1个
- 黄蔗糖　3大勺
- 低筋粉　1/2大勺

豆浆（原味）　50毫升

柠檬汁　1小勺

草莓　9～10颗

准备

▶在模具中薄薄地涂一层菜籽油（用量另计）。

▶烤箱预热至170℃。

做法

①制作挞皮。将原料a放入搅拌盆中，用类似淘米的手法画圈搅拌。加入菜籽油，继续搅拌→用双手掌心把原料搓散、搓细→加入水，用同样的手法搅拌。折叠面团，使其混合成一团。

＊难以混合成团时，可以加少许水（用量另计）。

②把面团放在保鲜膜上，用擀面杖擀成比模具大一圈、厚约4毫米的挞皮，连同保鲜膜一同翻转，盖在模具上整形。去掉多余的部分，底部用叉子扎出气孔。烤箱预热至170℃，烘烤20分钟，取出后连模具一起冷却。烤箱重新预热至170℃。

③制作布丁馅。将原料b（低筋粉过筛）倒入搅拌盆中混合，依次加入豆浆（一点一点加）、柠檬汁，每加入一种原料之后都要认真搅拌均匀，用筛网过滤。

④把③倒入挞皮中，草莓对半切开，摆在表面。烤箱预热至170℃，烘烤35～40分钟。冷却至不烫手后脱模即可。

基础的派

（苹果派）

这款派与常吃的派有一点不同，派皮层次没有那么分明，但是口感酥香松脆，加上水分充足的苹果馅，非常美味。派皮中不含糖，只用盐和豆浆来打造酥脆口感。如果派皮很软、不容易操作，可以放在一边松弛一会儿。

原料（适用直径 16 厘米的派盘）

【派皮】

a
- 低筋粉　120 克
- 全麦粉　30 克
- 盐　1/4 小勺

b
- 豆浆（原味）　4 大勺
- 菜籽油　3 大勺

【煮苹果】

- 苹果　2 个 *
- 黄蔗糖　2 大勺
- 水　50 毫升

* 推荐选用红玉等口味酸甜的苹果。

0 准备

· 苹果去皮，切成长约 7 毫米的小块，与黄蔗糖、水一起放入小锅中，加盖小火煮 5 ~ 6 分钟。
水量减少一半时，打开锅盖中火继续炖煮，不时搅拌一下，煮到收汁。

· 在模具中薄薄地涂一层菜籽油（用量另计）（参照第 67 页）。

1 混合粉类原料

制作派皮。将原料 a 放入搅拌盆中，用类似淘米的手法拌匀。

2 加入豆浆和油

在粉类原料中间挖一个小坑，倒入原料 b。

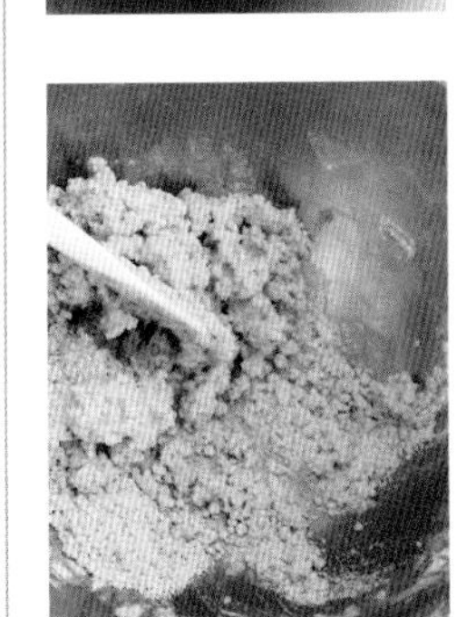

用橡胶刮刀以切拌的方式快速混合成团（不要画圈搅拌）。

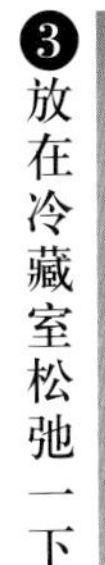

3 放在冷藏室松弛一下

用保鲜膜把派皮包起来，放入冰箱冷藏 15 分钟。烤箱预热至 170℃。

4 整形入模

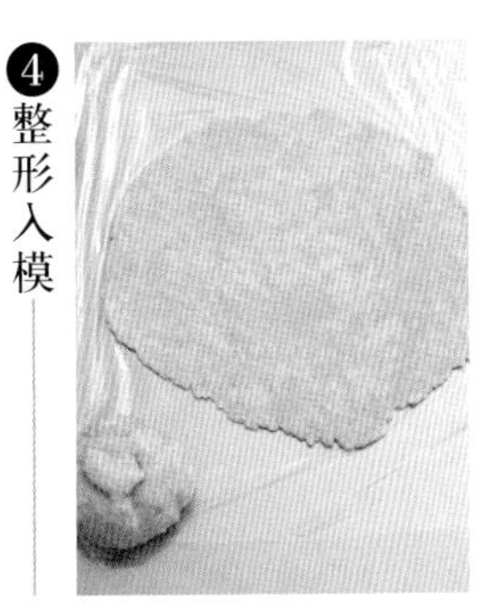

将面团平均分成两份，放在保鲜膜上，用擀面杖擀成比模具大一圈、厚约 3 毫米的圆形派皮。

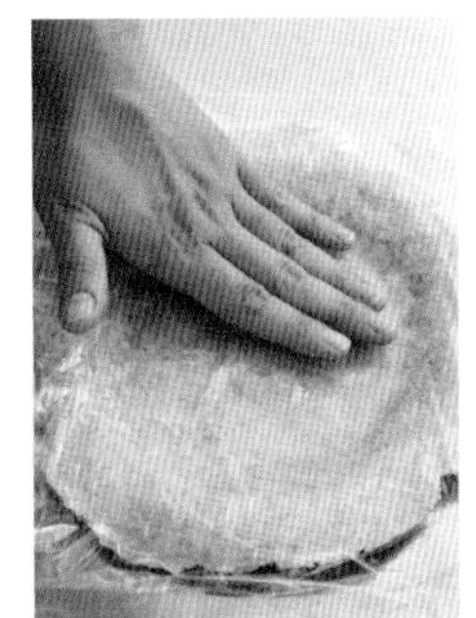

把派皮盖在派盘上，用手指压紧底部和四周边缘部分。揭掉保鲜膜，用叉子扎出气孔。

倒入煮苹果，铺平。

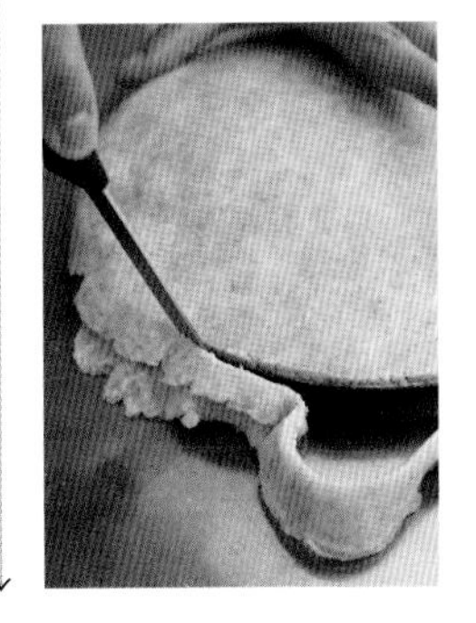

盖上另外一张派皮，把上下两层派皮的边缘部分捏紧。切掉多余部分，再用叉子压出一圈褶边。

5 烘烤

用小刀在派皮上划一个十字。烤箱预热至 170℃，烘烤 35 ~ 40 分钟，烤到表面上色，取出后放在派盘中冷却。

1 南瓜豆沙派

我很喜欢日式甜点中常见的“馒头派”，仿照它做的派搭配上焙煎茶，非常适合下午茶时间享用。

做法→第 88 页

2 手捏派（香蕉和浆果）

我崇尚简单，有时甚至连派盘都不想用，自家吃的甜点用手来整形就足够了。如果太贪心，添加的馅料过多，派皮不易烤熟，这一点要注意哦。

做法→第 88 页

1 南瓜豆沙派

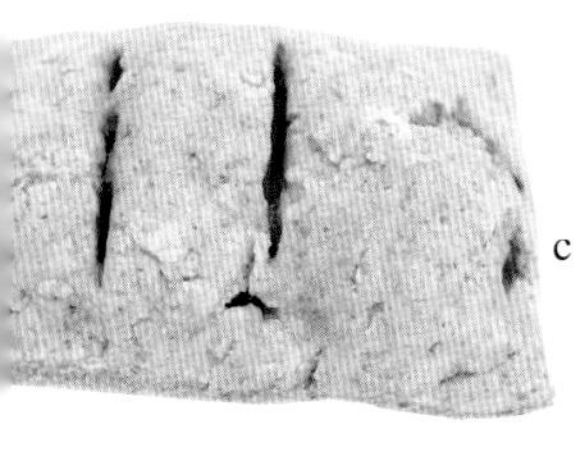

原料（3个长10厘米、宽6厘米的派）

【派皮】

a
- 低筋粉　120克
- 全麦粉　30克
- 盐　1/4小勺

b
- 豆浆（原味）　4大勺
- 菜籽油　3大勺

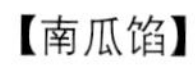

【南瓜馅】

南瓜　1/8个（净重100克）

c
- 黄蔗糖　2大勺
- 肉桂粉　少许

豆沙馅（粗豆馅、豆沙均可）　100克

准备

▶在烤盘中铺一张烤纸。

做法

①制作南瓜馅。南瓜去皮，切成小块，煮软后趁热用叉子压成泥。混合原料c。

②派皮面团的做法请参照第85页。

③用擀面杖把面团擀成长30厘米、宽12厘米的片，竖着切成3等份，用叉子扎出气孔。在每一块派皮的下半部分抹上豆沙馅和①，然后对折，边缘部分用叉子压紧，表面划两刀。烤箱预热至170℃，烘烤35～40分钟。

2 手捏派（香蕉和浆果）

原料（2个直径16厘米的派）

【派皮】

a
- 低筋粉　120克
- 全麦粉　30克
- 盐　1/4小勺

b
- 豆浆（原味）　4大勺
- 菜籽油　3大勺

香蕉　1～1½根

浆果（新鲜蓝莓、树莓等均可）100克

枫糖浆　2大勺

准备

▶按烤盘的尺寸裁剪烤纸。

做法

①派皮面团的做法请参照第85页。

②把面团平分成两份放在烤纸上，用擀面杖擀成两个直径18厘米的圆片，用叉子扎出气孔。派皮表面撒上切成片的香蕉、浆果，四周留出2~3厘米宽的边。折起派皮的边缘部分，包住中间的水果，淋上枫糖浆，连烤纸一起放在烤盘上。烤箱预热至170℃，烘烤35～40分钟。

图书在版编目(CIP)数据

麦香蛋糕 /〔日〕中岛志保著；爱整蛋糕滴欢译.
—海口：南海出版公司，2014.2
(中岛老师的烘焙教室)
ISBN 978-7-5442-6911-7

Ⅰ.①麦… Ⅱ.①中…②爱… Ⅲ.①蛋糕－制作
Ⅳ.①TS213.2

中国版本图书馆CIP数据核字(2013)第281498号

著作权合同登记号　图字：30-2013-142

麦香蛋糕
〔日〕中岛志保 著
爱整蛋糕滴欢 译

出　　版　南海出版公司　(0898)66568511
　　　　　海口市海秀中路51号星华大厦五楼　邮编 570206
发　　行　新经典文化有限公司
　　　　　电话(010)68423599　邮箱 editor@readinglife.com
经　　销　新华书店

责任编辑　秦　薇
装帧设计　段　然
内文制作　博远文化

印　　刷　北京国彩印刷有限公司
开　　本　889毫米×940毫米　1/16
印　　张　5.75
字　　数　65千
版　　次　2014年2月第1版
　　　　　2014年2月第1次印刷
书　　号　ISBN 978-7-5442-6911-7
定　　价　36.00元